自 然 传 奇

陆地动物的
生存之道

主编：杨广军

花山文艺出版社

河北·石家庄

图书在版编目（CIP）数据

陆地动物的生存之道 / 杨广军主编.—石家庄 ：
花山文艺出版社，2013.4（2022.3重印）
（自然传奇丛书）
ISBN 978-7-5511-0931-4

Ⅰ.①陆… Ⅱ.①杨… Ⅲ.①动物－青年读物②动物
－少年读物 Ⅳ.①Q95-49

中国版本图书馆CIP数据核字（2013）第080116号

丛 书 名：自然传奇丛书
书 名：陆地动物的生存之道
主 编：杨广军
责任编辑：尹志秀 甘宇栋
封面设计：慧敏书装
美术编辑：胡彤亮
出版发行：花山文艺出版社 （邮政编码：050061）
（河北省石家庄市友谊北大街 330号）
销售热线：0311-88643221
传 真：0311-88643234
印 刷：北京一鑫印务有限责任公司
经 销：新华书店
开 本：880×1230 1/16
印 张：10
字 数：150千字
版 次：2013年5月第1版
2022年3月第2次印刷
书 号：ISBN 978-7-5511-0931-4
定 价：38.00元

目　录

◎ 昆虫类的猎食探秘 ◎

上帝的智慧之作——蝇类 …………………………………………………… 3

昆虫中的大家族——甲虫 …………………………………………………… 9

挥舞的连环套——天鹅绒虫 ………………………………………………… 15

布下天罗地网——结网蜘蛛 ………………………………………………… 18

勤劳的采花匠——蜜蜂王国中的工蜂 …………………………………… 22

不容忽视的杀手——蛾子 …………………………………………………… 27

◎ 鸟类世界的猎食探秘 ◎

空中霸主——金雕 …………………………………………………………… 35

田园卫士——猫头鹰 ………………………………………………………… 39

狂野猎手——精力旺盛的走鹃和伯劳 …………………………………… 43

与伴侣共舞——热爱冒险的寄生鸟 ……………………………………… 47

潜水捕鱼的明星——鸬鹚 …………………………………………………… 53

各取所需——互不干扰的剪嘴鸥和海雀 ………………………………… 57

鸟类中的"直升机"——蜂鸟 ……………………………………………… 61

自然传奇丛书

◎ 哺乳动物的猎食探秘 ◎

优雅与完美的化身——猫科猎手 ·········· 67

大自然创作的完美猎手——虎 ·········· 73

天生的团队猎手——狮子 ·········· 80

完美的猎手——豹子 ·········· 84

陆地霸主——熊 ·········· 91

狡猾的猎手——狐 ·········· 97

被人忽视的杀手——蜜獾 ·········· 102

卡拉哈里沙漠中的幸存者——狐獴 ·········· 107

马达加斯加岛上的天生杀手——指猴 ·········· 112

非洲大陆最成功的掠食者——斑鬣狗 ·········· 116

黑暗中的杀手——鼹鼠 ·········· 121

◎ 两栖爬行类的猎食探秘 ◎

两栖动物的"巨无霸"——大鲵 ·········· 131

以静制动者——蛙类 ·········· 134

印度尼西亚的史前怪兽——科摩多巨蜥 ·········· 140

绞杀猎手——蟒蛇 ·········· 143

午夜凶煞——响尾蛇 ·········· 147

致命"化工厂"——眼镜蛇 ·········· 151

自然传奇丛书

昆虫类的猎食探秘

与脊椎动物明显不同的是，昆虫的身体并没有内骨骼的支持，它们披着一层由几丁质构成的壳，这层壳会分节以利于运动，犹如骑士的甲胄。古代战场上的铠甲武士使用盔甲用以防御敌人，昆虫世界中个个都是"铠甲武士"。它还可以阻止昆虫体内水分的散失，从而扩大了它们在陆地上的分布范围。

昆虫世界奇异多姿、神秘有趣，其奇特的觅食方式更令人叹为观止。此外，昆虫为了求生存，还有很多其他的"秘密武器"，比如拟态、保护色、警戒色、假死等。这大大提升了昆虫对环境的适应力，使得昆虫族群数量不断攀升，雄霸地球达亿万年而历久不衰……

上帝的智慧之作——蝇类

有人说："上帝以其智慧创造了苍蝇，却忘记告诉我们为什么创造它。"是的，苍蝇找不到一丁点儿让人们喜欢的地方。说到苍蝇，大家往往会把它们与垃圾、腐臭联想到一起。无论苍蝇飞到哪里，都无法改变它那臭名昭著的名声。

然而，科学家却认为，苍蝇是最成功的昆虫群体之一。它们的栖息范围十分广泛，远到北极区、山峦之巅、油池、盐湖都是它们的地盘。它们适应各种环境。

人们通常都只知道家蝇，实际上有几百种苍蝇长得和家蝇极为相似，其中有些还是重要的花粉传播者，其他的则都是食肉动物，而且有些还相当凶猛……

 广角镜

蝇类档案

蝇是在白昼活动频繁的昆虫，具有明显的趋光性，夜间则静止栖息。

蝇的活动受温度影响很大。它在4℃～7℃时仅能爬行，20℃以上才能摄食、交配、产卵，30℃～35℃时尤其活跃，35℃～40℃因过热而停止活动。

蝇善飞翔，飞行速度可达每小时6～8千米，最高每昼夜飞行8～18千米。

家蝇——逃生专家

家蝇是最为普遍的蝇类，约占人类居住地蝇类的90％，也是全世界分布最广的昆虫之一。

苍蝇的食性很杂，香、甜、酸、臭均喜欢，因为主要以腐烂的食物和

▲家蝇的头部

▲蝇的后翅退化为平衡棒

自然传奇丛书

其他昆虫的粪便为食，又被称为大自然中的"清道夫"。它们往往依靠特殊形态的舐吮式口器吸食液体食物，也能取食小颗粒固体食物。对于固体食物，家蝇取食时会吐出嗉囊液来溶解食物，其中含有的消化液可以快速腐蚀食物。

家蝇在进餐同时也会吃进对自己不利的细菌，因此会边吐、边吃、边拉。有人做过观察，在食物较丰富的情况下，苍蝇每分钟要排便4～5次。这种方法有助于迅速排除细菌，也令它们成为病原体的携带者。

小小的苍蝇令人讨厌，然而它高超的飞行方式你不得不佩服。它可以垂直下降、直线上升、急速掉头和定悬在空中。这种出色的控制能力取决于苍蝇背后的一对被称为平衡棒的短而粗的小翅膀。这两个鼓槌形的小东西起到定位仪的作用，可以让家蝇快速摆脱危险。

家蝇的眼睛由几千只小眼睛组成，且视野宽广。它也许看不到非常细小的东西，但是处理突发事件的能力非常完美，它们的视觉反应也许是现在已知的动物中速度最快的，它们察觉光线变化的速度约比我们人类快10倍。

家蝇的这些特点使它能够在忙碌觅食的同时，还能快速地对周围的情况做出反应，及时逃离人类的拍击，是名副其实的"逃生专家"。

万花筒

我们人类的眼睛容易上当受骗，在看电视的时候受到愚弄。我们无法分辨在 1 秒钟内连续播放的 25 帧静止图片。要蒙骗苍蝇的眼睛，则需要在 1 秒钟内播放 200 帧画面。苍蝇眼中的场景就好像我们看到的慢动作，这对于它们来说无疑是一种性命攸关的求生能力。

你知道吗？

这是因为苍蝇的味觉器官在足上。当它飞到食物上时，往往会先用前足上的味觉器官去品尝一下食物的味道如何。如此这般，苍蝇的足上自然会沾上很多食物碎屑，既不利于其飞行，又阻碍其味觉。所以苍蝇要经常"搓脚"，把足上沾的食物碎屑搓掉。同时，为了保持眼睛的清洁，它们还经常使用足端的绒毛来打扫它们眼睛表面的尘屑。

食虫虻——蝇中王者

食虫虻是目前最大的蝇类，体表多绒毛，形似蜻蜓，能在飞行时捕食。它发达的复眼，坚硬的长喙，面部的刚毛，都透露着一股霸气。

▲食虫虻捕食其他蝇类

对于大多数昆虫来说，食虫虻的存在都是它们的噩梦，哪怕仅仅是在梦中，它们也不愿意遇见这个超级强悍的杀手。

食虫虻专门捕食昆虫。它身体强壮，飞行快速，常常停栖在草茎上，看到飞行的猎物时便飞冲过去，用灵活有力而多刺的足夹住猎物，甚至让人胆寒的胡蜂（俗称马蜂），都难

自然传奇丛书

▲食虫虻捕食虎甲虫

▲食虫虻的复眼

逃被猎杀的噩运。食虫虻用针状的喙将消化液注入猎物体内，以吸食它们的汁液。食虫虻的喙犹如坚强有力的钢针一样，甚至可以穿透甲壳虫坚硬的盔甲。

除了身体强壮、飞行快速外，食虫虻还具有极佳的视力。为了防止猎物挣扎而损伤其大而亮的眼睛，食虫虻复眼的周围特别在前方长有众多粗大的刚毛，以起到保护作用。食虫虻的这些特性使它们成为昆虫世界的魔鬼。

食蚜蝇——花粉传播者

▲黑带食蚜蝇

众所周知，蜜蜂依靠腹部黄黑相间的醒目色彩，时时刻刻告诫着周围环境中其他敌害不要侵犯它。可是，在长期适应自然的过程中，有种昆虫却偷偷地披上了蜜蜂的"外衣"，以达到欺骗敌人、保护自己的目的。

这种昆虫叫食蚜蝇，和蜜蜂一样常出没在花朵间，成虫虽以花粉和花蜜为食，但幼虫以捕食蚜虫为生，故得此名。它们和蜜蜂极其相似，都拥有透明的翅和黑黄相间的腹部，飞起来都能发出嗡嗡的声音。它们最主要的区别是蜜蜂有两对翅，食蚜蝇只有一对翅，后翅和苍蝇、蚊子等相似，都退化成了一对小棒槌形的结构，叫平衡棒。平衡棒的形成使得它们拥有比蜜蜂高超许多的飞行技术。

小 贴 士

其实蜜蜂和食蚜蝇在形态上还有一些别的区别。蜜蜂的触角是屈膝状的，食蚜蝇的触角却是芒状的；蜜蜂的后足粗大，可以携带花粉团，食蚜蝇的后足细长，和其他足没什么大的区别。

小资料——食蚜蝇的"拟态"

虽然食蚜蝇和蜜蜂在外形上极为相似，但两者却并没有亲缘关系。食蚜蝇属于双翅目，蜜蜂是膜翅目昆虫。为什么没有亲缘关系的两个物种这么相像呢？其实，在长期演化的过程中，有些动物改变了自己的外表，以模仿其他有威胁力的动物，从而达到欺骗敌人保护自己的目的，食蚜蝇的这种特征在生物学上叫"拟态"。

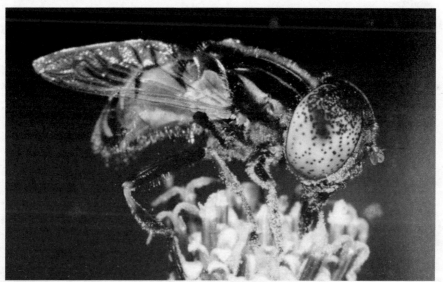

▲食蚜蝇采食花粉

自然传奇丛书

▲食蚜蝇幼虫捕食蚜虫

食蚜蝇成虫是非常重要的花粉传播者。成虫通常在阳光下取食花蜜和花粉，当它们靠近花朵吸食花蜜时，会不可避免地触碰雄蕊而沾上花粉，从而为植物传播花粉。食蚜蝇能依靠强有力的嘴部将花粉颗粒挤压碾碎，采食其中的蛋白质。它还能够巧妙地从花的蜜腺中舔食花蜜。

食蚜蝇幼虫主要靠捕食蚜虫为生，但它的移动能力和捕食能力较差，无法和竞争对手草蛉幼虫及瓢虫相比。为了确保幼虫能存活下去，雌虫往往将卵产在叶片上的蚜群中，使幼虫孵化出来后毫不费力地获取食物。

轶闻趣事——苍蝇拍中隐藏的秘密

苍蝇的整个身体都生着敏感的绒毛，可以帮助它们感受到周围气流的任何轻微变化。当你用手或书本拍打苍蝇时，会导致周围空气产生较大的振动变化，往往被察觉后的苍蝇顺利避开。而苍蝇拍上有许多孔，可以大大减少空气的流动，从而增大了消灭苍蝇的概率。

昆虫中的大家族——甲虫

大约 1.2 亿年前，有花植物开始在地球上蔓延，因为它是甲虫的首选食物，使得这些小昆虫也不断繁盛起来。长久以来，由于甲虫擅长挖洞、飞行或游泳，所以在生存竞争中更胜一筹，已经成为世界性的昆虫。

无论是面包、烟草、生姜、纸张、毛毡、动物标本还是木头，都有可能成为某种甲虫口中的美食。

广角镜

甲虫家族

全世界已定名的甲虫有大约 350000 种，还没有定名的甲虫则超过 800 万种，并且新的物种正以平均每小时 1 种的速度被发现。如果将全世界的动物和植物排成一排，那么每 50 种动植物中就会有一种是甲虫。

萤火虫——致命情人

萤火虫是我们生活中最熟悉的能发光的昆虫。它具有昼伏夜出的习性，唐诗中的绝妙佳句"银烛秋光冷画屏，轻罗小扇扑流萤"已然是脍炙人口。

人们在夏天夜里所看见的点点流萤，其实是雄萤火虫在寻找配偶，没有翅膀而无法飞翔的雌虫在发现雄虫发出的求偶信号后，便爬到草茎上闪光回应，然后雄虫便循着雌虫所发出

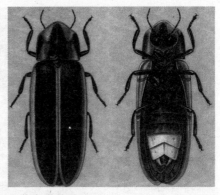

▲萤火虫的外形

自然传奇丛书

▲萤火虫

自然传奇丛书

的光信号飞下来，与雌虫进行交配。

　　多数萤火虫仅仅进食一些露水或花粉等来维持生存，但却有一种绿光雌萤火虫，是名副其实的"致命情人"。这种萤火虫会在草丛中发出其他种类雌萤火虫的求爱闪光信号，引诱雄萤火虫前来交配。当这些雄萤火虫以为自己的求爱得到应答，高兴地赶来幽会时，却被这些骗术高明的雌萤火虫残暴地吃掉了。这种"致命情人"目前还没有在中国发现，它们大多生活在北美。

　　这种致命绿光萤火虫的卵、幼虫和成虫的体内含有某种毒素，它们靠发出明暗不同的荧光来警告鸟类、蜘蛛等天敌。然而，绿光萤火虫不会自己生产毒素，那毒素又是从哪里来的呢？研究人员认为它们极有可能是通过捕食黄光萤火虫得来的，然后将猎物体内的毒素转移到自己身上，并传递给产下的卵和幼虫。所以，这种"致命情人"设计捕食黄光萤火虫，可能正是为了夺取化学武器来武装自己。

蜣螂——自然清道夫

　　蜣螂也就是通常所说的屎壳郎。顾名思义，这种甲壳虫大部分时间都生活在粪便之中或其周围，并以粪便为食。它那训练有素的口器，进食时可以像一台滚轧机一样从粪便中分离出美味琼浆来。其实，蜣螂并不是真的在吃粪便，它只是食用粪便中的微生物和未被消化吸收的营养物，因此蜣螂获得了"自然界清道

▲头顶有角状突起的雄蜣螂

夫"的称号。

蟑螂那铲状的头和桨状的触角能把粪便滚成一个球。初夏时蟑螂把自己和粪球埋在地下洞室内，并以之为食。雌蟑螂会把卵产在粪球中，孵出的幼虫也以此为食。雌蟑螂伸出后腿，比量着每一个球的大小，使每一个幼虫都有足够的食物。之后，雌蟑螂用土壤覆盖小球，这层外衣保证里面的幼虫在适当的温度和湿度下生长，这是小蟑螂逃避捕食者、顺利成长发育的好地方。

球内孵化出来的幼虫会把身体镶嵌在一个固定的位置上，不停地转动和进食。里面的空间变得越来越大，这给幼虫发育提供了条件，直到发育为成年蟑螂才破卵而出。刚出穴的蟑螂，马上就可以飞起来寻找食物。

▲正在推粪球的雌蟑螂

轶闻趣事——蟑螂可能拥有超强的免疫力

由于蟑螂生活于一种微生物大量滋生的环境中，因此它们极有可能拥有超强的免疫系统。蟑螂的生活环境里存在大量的病原体，但它们却好像并不受影响。因此，研究人员已经将蟑螂作为研制新型抗生素的重要来源。

自然传奇丛书

斑蝥——化学武器专家

▲斑蝥

自然传奇丛书

斑蝥是地球上速度最快的甲虫，可能也是最凶猛的甲虫。它们的下颚很长，呈镰刀状，能够抓住并制伏猎物。眼睛很大，可以观察潜在的猎物，而且动作迅速。在追捕猎物的过程中，斑蝥不断地相互摩擦自己的下颚，很有磨刀霍霍的感觉。

斑蝥可以连续进行冲刺，每秒钟可以跨越 60 厘米的距离，相当于一匹赛马在以 320 千米的时速奔跑。它的视觉范围非常有限，只能看到两倍于体长的距离。当它发现猎物时，首先计算猎物所在的方向和距离，它跑跑停停，不断确认猎物的位置，然后步步逼近。它将猎物制伏后，会分泌消化液，然后吸食猎物体内的汁液。

被斑蝥追赶的时候千万不要奔跑，因为它只对活的猎物感兴趣。只要猎物还在跑，斑蝥就能追上它。一旦猎物停止运动，斑蝥就会对它失去兴趣，转而寻找其他目标。

小贴士

斑蝥的眼睛是由很多小的晶状体组成的，辨析率非常有限。在图像处理过程中，快速移动会导致图像模糊，所以斑蝥必须走走停停来确定猎物的位置。

你知道吗?

当斑蝥受到攻击时，可以从腹部的顶端释放出大量的毒雾喷向攻击者。斑蝥体内长有一种腺体，专门用于存储不同的化学物质。当受到攻击时，它们就会将这些不同的化学物质混合于一对燃烧室内。燃烧室内生产的毒雾通过外骨骼中的排气孔释放出来，毒雾释放的时候甚至还伴有声音。它可算是动物界中先进的自卫武器了。

沙漠甲虫——集水有方

这种拟步甲科昆虫繁盛地生活在非洲西南部的纳米比亚沙漠，尽管那里是世界上最炎热、最干燥的环境之一。这种甲虫已经不再飞行，它们的翅膀变成了一层覆盖在身上的蜡质，这有助于保留身体中的水分。甲虫背上有很多"麻点"突起物，或大或小，密密麻麻。科学家发现，"麻点"就像一座

▲沙漠拟步甲

山峰，"麻点"与"麻点"之间的就是"山谷"。在电子显微镜下可以见到，在"麻点"和"山谷"上，覆盖着披着蜡状外衣的微小球状物，形成防水层。它们从晨雾中收集饮水：迎着风，抬起尾部，用身上的亲水性"麻点"把雾气留住并凝聚成小水滴，然后顺着"山谷"之间蜡状的疏水槽流下来，送进嘴里。

拟步甲食性非常多样化，它们有的取食新鲜的植物和真菌，有的取食干燥的生物体，还有一些取食粪便等腐败物。

自然传奇丛书

轶闻趣事——沙漠甲虫集水技巧的应用

2006 年，美国麻省理工学院科学家米切尔·鲁伯纳等人利用纳米粒子层研制出了这种奇妙的水收集系统。现在，他们又联合牛津大学科学家安德鲁·帕克尔根据沙漠甲虫的吸水原理，共同研制了一种新的材料。这种材料将可以从雾或露水中吸收水分供人们饮用。

轻松一刻——蜣螂现身世界杯开幕式

在南非世界杯开幕式中，南非女歌手马兹瓦伊与硕大的蜣螂一同歌唱，随后巨大的世界杯官方用球"普天同庆"滚入场内，又被蜣螂推出表演场地，颇为有趣。

蜣螂是最本土的非洲元素，也是非洲人民的图腾神物。

▲南非世界杯开幕式上的"屎壳郎"

自然传奇丛书

挥舞的连环套——天鹅绒虫

这是一种柔软而令人难以捉摸的奇妙生物：它演化于亿万年前，肥胖的步足成对排列，头上伸缩灵活的一对触角和蛞蝓或者蜗牛极为类似。当昼伏夜出的它以扁平的姿态、绝对不慢的速度在地表、林木枝杆间、植物叶片上移动时，看起来像极了一条毛毛虫。

你可千万别被它柔弱的外表给欺骗了，天鹅绒虫其实是一种不折不扣的凶残的肉食性动物！它的猎食方式不但奇特，而且效率颇高。

广角镜

天鹅绒虫

天鹅绒虫，或称栉蚕，这种虫类十分稀有，多是在南半球雨林地区发现的。它的身体结构介于蠕虫和昆虫之间，但经研究证实，天鹅绒虫实际上是节肢动物的姐妹属，它们同节肢动物有着共同的祖先。

巧妙的身体构造

尽管天鹅绒虫身体结构原始，但它们在陆地上可以成功地捕食和生存，这依赖于它们巧妙的身体器官。

天鹅绒虫身体表面覆盖着一层薄薄的角质层以及众多的乳头，这些乳头具有疏水性，使得天鹅绒虫在潮湿的环境中也能保持皮肤的干燥。同时，这些乳头的顶端还有一些细微的纤毛，负责触觉和嗅觉。天鹅绒虫的腿是中空的，由液体压力支撑，这样可以使它们在树干上"健步如飞"。天鹅绒虫头部有两个突出的触角，触角后有一对单眼，这些都是

▲天鹅绒虫

自然传奇丛书

用来帮助捕获猎物的器官。

当天鹅绒虫搜寻猎物时，触角不停地左顾右盼，身体蜿蜒如飞，动作柔韧敏捷，使它能在最短的时间内物色到合适的猎物。

主动出击——天女散花

▲天鹅绒虫喷出的"套索"

天鹅绒虫是夜行性猎食动物。很多昆虫和小动物都是在夜间活动和觅食，它们都是天鹅绒虫的猎食对象。

在夜幕的掩护下，天鹅绒虫在灌木的枝条上扭动着身躯，悄无声息地寻觅着合适的猎物。待到猎物进入攻击范围后，天鹅绒虫慢条斯理地昂起头，灵巧的肉质触角在空中摇晃片刻，从头部的触角下伸出一对透明的管状腺体向前方突起，猛然间它甩动头部，腺管内喷射出大量亮晶晶的黏液，一圈又一圈呈圆环状向四周抛撒，且层出不穷，像熟练的猎手抛出的绳圈，飞向四面八方。

它的射击方式与众不同，像一个神枪手一样，它有两把"手枪"，不过它射出的不是子弹而是黏线套索，这种套索迂回曲折长达1米。它的迂回"手枪"从不同方向射出，缠住猎物的绳索就像一张网，令猎物困在原地寸步难行。

 小贴士

天鹅绒虫喷出的"套索"只要落在小动物的身上或遇到空气，就会很快凝结干透，变成死死捆住它们的"钢丝线"，将它们牢牢拖倒在原地无法挣脱。

享用猎物——轻而易举

天鹅绒虫用套索将猎物困住，使其毫无还手之力，才会不慌不忙地蠕行上前，爬上猎物的身体，用尖利如刀片的牙齿刺入它们的身体啃咬、注入消化酵素、吸食体液。理论上，天鹅绒虫这种高效的猎杀手段能够捕杀所有被黏液粘住的生物！

▲天鹅绒虫捕获千足虫

你知道吗?

天鹅绒虫的口水中可能含有高效的麻醉剂和超强的腐蚀剂，能够让猎物的血肉在很短的时间内变成一碗美味的"肉汤"，任其吸食享用，直到被吸成一个轻飘飘的空壳为止！这一点和蜘蛛捕食方法异曲同工，因而说它们是近亲，就越发显得理所当然、顺理成章了。

布下天罗地网——结网蜘蛛

▲蛛网

蜘蛛是地球上最成功的生物之一，出现得比恐龙还早。它并没有强壮的体形，赖以生存的法宝就是编织一张网，等待着猎物上门。民谣"小小诸葛亮，独坐中军帐，摆下八卦阵，专捉飞来将"，把蜘蛛布网捕虫的现象描绘得惟妙惟肖。

一张或疏或密、或大或小的蛛网，一只静静"守株待兔"的蜘蛛，或许我们对这样的情景已经司空见惯了，但蜘蛛是如何利用蛛网猎食的呢？让我们一起揭开其中的奥秘！

织网——巧设陷阱

蛛网是蜘蛛捕食的独门绝技，但是蛛网是怎样结成的呢？其实蛛丝和蚕丝一样，在蜘蛛腹中呈液体或半流体状态，当从吐丝孔吐出后，就迅速被氧化成固体。蜘蛛的脚底部都能分泌一种油脂性物质，所以蜘蛛在网上行动自如，不会"作茧自缚"。

蛛丝很细，最细的直径只有百万分之一英寸，将其单丝环绕地球一周，其重量也不过168克。然而，它的强度比同等粗细的铁丝还大，可以承受3克的重量。无怪乎细细的蛛丝却成了飞虫的罗网。

蛛网就好比一个隐形的空中陷阱，陷捕未看见细丝的、飞行力不强的昆虫。实质上每种蜘蛛都有自己独特的织网方法，根据生存环境而编织与众不同的蛛网。形状各异、变化万千的蛛网充满了神秘的色彩。

大多数园蛛精于算计，它们擅长用最少的<u>丝</u>织成面积最大的圆网，中间成螺旋形，可以吸引猎物上钩。

有些蛛网上装饰着密布有致的白丝带，既可以警示天敌，又可以让猎物注意不到坐镇网中央的蜘蛛，从而"送货上门"。

还有一些个性独特的蜘蛛会把网织成漏斗的样子，悬挂在矮树<u>丛</u>或草<u>丛</u>中。昆虫一旦落入漏斗中，等候在下面的蜘蛛便用毒刺袭击。

▲不同形状的蛛网

自 然 传 奇 丛 书

小贴士

　　蛛丝具有极强的黏附性，一旦有飞虫落网就被粘住，很难逃脱。蛛网在夜间组成，烈日下易被破坏，所以多在光线不强的暗处。蜘蛛还会根据风和周围植被情况修改网的设计。

轶闻趣事——喜欢群居生活的蜘蛛

　　并非所有的蜘蛛都是独自织网生活的。南非蜘蛛就习惯于几百只，不分年龄、性别生活在一起。它们的蛛网呈放射状分布在灌木丛中，最充分地发挥着团队协作精神。同伴之间靠着特殊的振动频率来辨别彼此，分清敌友。

隐蔽——守株待兔

　　当蛛网全部完工后，有的蜘蛛从网中心拉一根丝（信号丝）爬到网的一角的树叶或洞穴中隐蔽起来。若有昆虫投网，透过信号丝的振动便可闻讯而来取食。而有的蜘蛛则头朝下留在网中心，等候猎物。若这时有敌人靠近，蜘蛛会剧烈地震动蛛网，威吓敌人，保护自己的领地不受干扰。也有些网穴蜘蛛，白天守在网上，夜晚则躲在洞穴中，静等猎物上门。

捕捉——干脆利落

　　飞累的蜻蜓、没头没脑的苍蝇、瞎飞不看路的蛾子和莽撞的吸血蚊子，在飞行的过程中忽视了前方透明的蛛网，刚被黏上的猎物很想挣脱，网丝颤动起来，惊动了躲在蛛网一边的"网管"，它快速敏捷而又很轻巧地爬过来，利落地用蛛丝包裹猎物，并固定在网上或拖回自己的洞穴中。

　　蜘蛛是如何进餐的呢？蜘蛛口无上腭，不能直接吞食固定食物。当蜘蛛用网捕获食饵后，先以螯肢内的毒腺分泌毒液注入捕获物体内将其杀

自然传奇丛书

死，由中肠分泌的消化酶灌注在被螯肢撕碎的捕获物的组织中，很快将其分解为液汁，然后吮吸进消化道内。蜘蛛大吃一顿之后，只剩下猎物的体壳完整地留在蜘蛛网上。

你知道吗？

　　蜘蛛的视力很弱，它怎么知道有猎物落网呢？原来，它的脚上有若干"音响探测器"——裂缝状的"耳朵"，能感知 20～30 Hz 的声音。因此，飞虫在落网前，很可能已受到蜘蛛的监视。只要腿与网相连，很快就能感受到落网昆虫所在的部位。

自然传奇丛书

勤劳的采花匠——蜜蜂王国中的工蜂

从春季到秋末，在植物开花的季节，蜜蜂穿梭在百花丛中，天天忙碌不息。在蜜蜂王国里，蜂王、工蜂、雄蜂分工明确，各尽其责。

本文中的小主角体态轻盈，行动敏捷，勤劳善战，堪称团队中的"全能王"。它们无私奉献，昼夜不停，维持群体的正常运作；它们爱憎分明，对蜂王毕恭毕敬，对入侵者毫不留情；它们从不懈怠，无论积蓄多么丰富，依旧忙碌不息。它们就是我们今天所要认识的勤劳的采花匠——工蜂。

广角镜

蜜蜂档案

蜂王：负责产卵。由饲喂蜂王浆的受精卵发育而成。

雄蜂：负责和蜂王交配繁殖后代。由未受精卵发育而成的。

工蜂：负责采集食物、哺育幼虫、泌蜡造脾、泌浆清巢、保巢攻敌等工作。由受精卵发育成的雌蜂，没有生殖能力。

勤劳的"全能王"

在蜂群中，工蜂的数量可占到总数的99%以上。从某种意义上讲，没有工蜂的蜂群将不再是一个有序的王国，因为除去产卵以外的所有工作均由工蜂承担。

小工蜂刚孵出1~2小时后，便开始做巢内一些力所能及的工作，它们的勤奋由此可见一斑。待数日后工蜂

▲正在采水的工蜂

发育成熟，便开始和外面的花花草草打交道，采水、采蜜、采花粉、采树脂等。不仅幼小的工蜂很勤快，老龄工蜂更是老当益壮，巢内外高难度、大负荷的工作多由老龄工蜂执行，风险大、技巧高的任务也主要由老龄工蜂负责完成。

侦查蜜源

▲蜜蜂的触角

待到春暖花开，一些做侦察工作的工蜂就飞出箱外去寻找蜜源。在采集花蜜时，工蜂会快速地对花朵进行筛选。工蜂一般不会选择含苞待放或是刚刚开放的花，它们的主要目标是找到盛开的花朵，因为此时花蜜或花粉的产量最高。

工蜂的触角上拥有数千个感觉细胞，具有嗅觉、味觉和听觉功能，同时还可以探测温度、风以及湿度变化。借助于触角，不仅使工蜂能够自由穿行于野外，还能够闻出各种花朵的香味，找到花蜜。

▲蜜蜂的复眼

此外，工蜂的复眼由数千个六边形小眼构成，能够感知到可见光、紫外光以及偏振光。有些花带有人类肉眼无法看到的紫外标记，用以吸引工蜂，并"告知"它们应该在何处降落，以采集花蜜或花粉。

传达信息

当侦察蜂在外面找到了蜜源，它就吸上一点花蜜和花粉，快速地打道回府。回到蜂巢后，它就开始不停地跳起舞蹈来，告知伙伴们蜜源的方向和远近。

蜜蜂舞蹈一般有圆形舞和"8"字舞两种。如果找到的蜜源离蜂巢不

自然传奇丛书

太远，就在巢脾上（蜜蜂用来装蜜、孵育小蜜蜂和住宿的地方）表演圆形舞；如果蜜源离得比较远，就表演"8"字舞。在跳舞时如果头向着上面，那么蜜源就是在对着太阳的方向；要是头向着下面，蜜源就是在背着太阳的方向。

万 花 筒

侦察蜂跳的"摆尾舞"，不但可以表示距离蜜源的远近，也起着指定方向的作用。不过，如遇阴雨天，利用舞蹈定位的方法就有点儿失灵。

你知道吗？

人们也许要问，工蜂在黑乎乎的蜂箱里表演的各种舞蹈动作，其他同伴是怎样领会到的呢？原来它们是利用头上颤抖的触角抚摸工蜂身体时，使"舞蹈语言"转换成"接触语言"而获得信息的。

不过，这种传递方法有时也会失效。因此它们还要利用翅的振动来发出不同频率的"嗡嗡"声，用来补充"舞蹈语言"的不足或加强"语气"的表达能力。

采 集 花 蜜

当收到蜜源信息之后，工蜂开始频繁地外出采蜜。它们停在花朵中央，伸出精巧如管子的"舌头"，舌尖还有一个蜜匙，当"舌头"一伸一缩时，花冠底部的甜汁就顺着"舌头"流到嗉囊中去。工蜂一直忙碌到把嗉囊装满，肚子鼓起发亮为止。

另有一批工蜂专门从事采集花粉的工作。在千姿百态的昆虫腿中，工蜂的后腿跗节格外膨大，在外侧有一条凹槽，周围长着又长又密的绒毛，组成一个"花粉篮"。当工蜂在花丛中穿梭往来采集花粉花蜜时，那毛茸茸的腿就沾满了花粉，然后，由后腿跗节上的"花粉梳"将花粉梳下，收集在"花粉篮"中。最后吐出离巢前装入嗉囊的蜂蜜，将花粉固定成球

自然传奇丛书

▲正在采蜜的工蜂

▲携带花粉球归巢的工蜂

状。工蜂的这种能携带花粉的腿，叫携粉足。

蜜蜂将花粉球装入花粉篮妥善保管，利用后腿上的毛发固定花粉颗粒。在飞行过程中，这些弯曲的毛发能够将花粉球固定在适当位置。满载的花粉篮就像是足端悬挂的小口袋，其重量（约50毫克）与工蜂的体重（约80毫克）相比简直是巨大的负担。

同时，工蜂还从植物新生枝芽中采撷胶质，称为蜂胶。蜂胶可被用于填塞蜂巢裂缝，所以是不可缺少的一种物质。此外，每当有不速之客闯入蜂巢，蜜蜂将其杀死后会用蜂胶丝包裹防腐。

工蜂在进行上述工作时，速度极快，人眼根本无法辨别。并且，所有这些工作都是在飞行状态下完成，真可谓"空中作业"的高手。

小贴士

一只工蜂一天要外出采蜜40多次，每次的采100朵花，但采到的花蜜只能酿0.5克蜂蜜。如果要酿1千克蜂蜜，而蜂房和蜜源的距离为1.5千米的话，几乎要飞行12万千米的路程，差不多等于绕地球赤道飞行3圈。

自然传奇丛书

百炼成蜜

人们常说"百炼成钢"，我们借用一下称蜂蜜需要"百炼成蜜"也不为过，为什么呢？满载归来的工蜂先把收集到的蜜液吐到空的蜂房中，到了夜间，再把蜜液吮吸回自己的蜜胃里进行酿制，然后再吐回蜂房中，如此反反复复、吞吞吐吐，要进行约 100～240 次，才能酿成黏稠香甜的蜂蜜。

▲蜜蜂酿蜜

为了使采集回来的蜜汁尽快风干，上千只工蜂还要不停地扇动翅膀，以加速花粉中水分的蒸发，同时加快运送成品的速度，将吹干的蜂蜜收入仓库，封上蜡盖贮存起来，作为寒冷冬季的食粮。

轻松一刻——关注蜜蜂的感官世界

蜜蜂的视角几乎达 360 度，但高度散光。蜜蜂的连续视觉是每秒 300 帧图像（人类是每秒 24 帧），对于蜜蜂而言，一部电影只是一连串静止的画面。人类要想看清蜜蜂的动作，就只能借助于电影的慢镜头了。

蜜蜂能看到人类不可见的紫外光。

蜜蜂的味觉十分敏锐，它们能够分辨甜、酸、苦、咸 4 种味道。

蜜蜂的触须还同时起耳朵和鼻子的作用。有些触须感受器感受气味，另一些感受声音或者说振动。

人们认为蜜蜂是聋子，但它对振动却十分敏感。

自然传奇丛书

不容忽视的杀手——蛾子

▲身披"珠宝"的蛾子

与美丽妖娆的蝴蝶相比，蛾子似乎不那么招人喜爱。你印象中肯定觉得它们外表笨重丑陋，色泽暗淡无光，其实它们当中也有不少鲜艳美丽的个体。

因为拥有良好的嗅觉和听觉，能适应夜游生活，所以多数种类的飞蛾都是在晚间出来飞行觅食的。我们平时很少近距离观察它们的生存和觅食方式，但是它们却躲在不知名的角落里，用自己独特的方式活得有声有色，并改变着我们的生活。

林木天敌——白蛾

▲群集的美国白蛾

美国白蛾又被称为"森林蝗虫"，别看它貌不惊人，却早已被列为世界性检疫害虫。它的幼虫食量惊人，在生长的过程中，每天不停地吞吃树叶，对园林树木、经济木和农田防护林等危害极大。在我国，美国白蛾的寄生植物达到100多种，目前已被列入我国首批外来入侵物种。

自然传奇丛书

这种"白袍巫师"的独特形象其实很好辨认。另外，它还有形象的别名：秋幕毛虫。如果在秋季你见到路旁行道树上结了浅灰色网幕，可以认定美国白蛾的幼虫就在其中。白蛾成虫将卵产在叶背，幼虫孵出来几小时后便开始吐丝结网，蚕食叶片，每株树上往往多达几百只、上千只幼虫，严重影响树木生长。

对这个阶段的美国白蛾，不同于以往的药物毒杀，目前更多地区开始利用生物防治杀虫，确切地说就是通过放飞周氏啮小蜂对付美国白蛾，达到"以虫治虫"的目的。

图中这个"蚕茧"可不能小看，因为它实际上是一个蜂巢，小小的蜂巢里面住着有近5000只周氏啮小蜂，这些体长1毫米的小蜂，无蜂针，不攻击人，但它们可以担负起剿杀美国白蛾的任务。

周氏啮小蜂对美国白蛾"情有独钟"，它能将产卵器刺入美国白蛾等害虫蛹内，并在蛹内发育成长，吸尽寄生蛹中全部营养，然后将自己的后代寄生在里面，素有"森林小卫士"之美誉。经统计，约5个蜂巢即可防治660多平方米范围内的白蛾病害。

自然传奇丛书

▲白蛾幼虫蚕食梧桐树叶

▲挂在树上的蜂巢

轶闻趣事——"反毒功臣"小白蛾

虽然人们对美国白蛾深恶痛绝，但警方却把一种叫"马伦比埃"的小白蛾看成反毒功臣。

毒品可卡因是从一种叫古柯的植物叶中提取精炼而成的。可卡因由于一直遭到严禁，所以采取秘密生产和运销，曾使得反毒组织一度无可奈何。

一次，秘鲁反毒品的官员意外地发现一种小白蛾，它的幼虫不停地把古柯作为美餐，在数月内，就毁掉了近30万亩的古柯叶。于是，有关方面就用人工方法大量繁殖小白蛾，然后

▲含有可卡因的古柯叶片

用飞机把它们撒播到种植古柯的丛林地区。古柯的叶子一旦被破坏了，可卡因的生产者也就无法再利用古柯提炼毒品了。

访花吸蜜——蜂鸟蛾

▲蜂鸟蛾用长长的口器吸食花蜜

近年来，我国不少地方报道发现了蜂鸟，看到蜂鸟在花丛中吸取花蜜。实际上，我国没有蜂鸟，而是一些白天活动的天蛾科昆虫。天蛾多在夜晚活动，但有一些天蛾在白天活动，飞翔于花丛中采蜜。这种天蛾访花吸蜜时，快速振动翅膀，当它盘旋于花前伸出长长的吻（口器）采蜜时，极像蜂鸟，因而被称为蜂鸟蛾。

轶闻趣事——昆虫界的"四不像"

　　蜂鸟蛾极像蜂鸟，整日忙碌，在花间停留和盘旋；它像蝶，和蝶一样飞舞在阳光下，都有着长长的喙管和尖端膨大的触角，以及色彩艳丽的翅；它像蜜蜂，在夏秋季节飞舞于百花丛中采食花蜜，并发出清晰可辨的嗡嗡声。怪不得蜂鸟蛾被戏称为昆虫界里的"四不像"。

投机取巧——鬼脸天蛾

　　天蛾科中的鬼脸天蛾长得很古怪，它的背上有种特殊的标志：一个骷髅加两根交叉着的骨头棒。这令其他敌害望而生畏。鬼脸天蛾不但长相特别，并且十分狡猾。在北美洲，有一种鬼脸天蛾，凭着它"特殊口技"的本领来骗取蜜蜂的蜂蜜。

▲鬼脸天蛾

　　蜜蜂的蜂房可以说坚不可摧，因为它们有着严格的防卫，蜂房的门口总是安插着机警万分的"守卫"。若是有抱着侥幸心理的入侵者想要偷偷地溜进去，几乎是不可能的。若是想要硬闯，最后也只会被群起而攻之的蜜蜂蜇得鼻青脸肿，能不能逃命都是个问题。

　　然而，鬼脸天蛾却能顺利钻入蜂巢，在饱食一顿甘美的蜂蜜后，安然无恙地飞出来，从不挨蜜蜂的蜇。那么它们究竟有着什么样的"秘笈"呢？

你知道吗？

鬼脸天蛾可以通过腹部摩擦发出一种强音，欺骗过担当哨兵的蜜蜂。它们能够模仿蜂群中年轻女王的声音，这对工蜂来说就像是具有魔力的咒语，令它们肃然起敬，俯首帖耳。于是，这个行窃者不费吹灰之力，便堂而皇之地进入蜂房，吃饱喝足后方才安然离去。

压制干扰——虎蛾

▲虎蛾

大家都知道，蝙蝠有一套"雷达"系统。科学家最近发现，作为蝙蝠食物的某些虎蛾，竟然能对蝙蝠进行"电子战"。

美国维克·弗罗斯特大学的研究人员发现，蝙蝠很少能抓住一种叫声很响亮的蛾子，但把这种蛾子的发声器官切除后，它被蝙蝠捕捉的概率就大大增加了。这是首次发现被捕食动物会对生物声呐进行压制式干扰。

虎蛾逃生正是用的这种方式：它演化出了能听到超声波的耳朵，这样它就可以发现捕食中的蝙蝠，然后通过大声叫来让蝙蝠的超声波听音系统饱和，从而没法再对它准确定位。这就好比你在站台上听歌，突然旁边开过一辆火车，你的耳朵接收的信号饱和，就很难听清楚歌声了。

小 贴 士

所谓"压制式干扰"，是军事上应用的电子干扰的一种方式，它是用噪音使敌方电子系统的接收机过载、饱和或难以检测出有用信号，最常用的方式就是发射大功率噪声信号。

自然传奇丛书

陆地动物的生存之道

小资料——蝙蝠蛾与冬虫夏草

　　在冬天到来之前，蝙蝠蛾会将虫卵产到土壤中，之后蝙蝠蛾便静候死亡的到来，而虫卵则在土壤中孵化形成幼虫。这时土壤中的一种寄生性真菌趁机侵入蝙蝠蛾幼虫体内，并靠汲取幼虫的营养在其体内大量繁殖，最后幼虫等不及爬出地面便死掉了。可怜蝙蝠蛾拼了性命来繁衍后代，却落了个"为他人作嫁衣裳"。

▲冬虫夏草

　　待到气候转暖，这种寄生性真菌破土而出，在幼虫壳体的头部长出一根长约10厘米的棒状子座。原本普通至极的蝙蝠蛾幼虫在付出生命的代价之后，和同样普通至极的虫草菌珠联璧合，生成了一种神奇的药材，那就是著名的冬虫夏草。

自然传奇丛书

鸟类世界的猎食探秘

鸟类是动物界中的全能运动家，擅长飞行、游泳或奔跑等多种运动方式，但在运动时，能量消耗得非常快，必须依靠不停地进食以补充能量，所以不断地觅食是鸟类赖以生存的本能行为。而在不同的环境特征下，食物的供应方式亦大不相同。为求与环境相容，经过漫长的进化过程，鸟类逐渐演化出多样且各具特色的觅食方式。

多样的运动方式使得鸟类的觅食范围涵盖海、陆、空三域，其食物也包含了天上飞的、地上爬的、水中游的，并由动至静、由软而硬、由荤到素，呈现出十分多样化的风貌，同时也演绎着鸟类与环境的完美契合。

空中霸主——金雕

金雕是一种广为人知的猛禽，素以勇猛威武著称，因在鸟类食物链中处于首位而被认为是"鸟中之王"。古代巴比伦王国和罗马帝国都曾以金雕作为王权的象征。

金雕可以说是完美的捕猎者，从鼻子、眼睛到翅膀，它们身体的所有部位似乎都有助于致命出击。它捕食的过程可以说是大自然中最为恐怖的捕食场景之一，因此被捕食者如果不幸成了金雕的捕食目标，很有可能在劫难逃。接下来我们就看看金雕是如何在天空中一展雄风的。

广角镜

金雕档案

金雕属于鹰科，生性凶猛且力强，以其突出的外观和敏捷有力的飞行而著名。

成鸟的翼展平后均超过2米，体长则可达1米。栖息于高山草原、荒漠、河谷和森林地带，冬季亦常到山地丘陵和山脚平原地带活动，最高海拔高度可达4000米左右。

金雕以大中型鸟类和兽类为食。

捕杀利器

金雕是生活在空中的终极杀手，也是世界上最大的雕类。金雕敏锐的视力、尖锐的鹰喙和巨大的爪子都是它的捕食武器。可以说它本身就是一个非凡的"捕杀利器"。

金雕的脚趾上都长着锐如狮虎的又粗又长的角质利爪，抓获猎物时，它的爪能够像利刃一样同时刺进猎物的要害部位，撕裂皮肉，扯破血管，

自然传奇丛书

▲正在享用猎物的金雕

自
然
传
奇
丛
书

甚至扭断猎物的脖子。此外，金雕胸部和腿部上几乎全是肌肉，重量占到其体重的近一半，可以轻易地把小型猎物抓住并带上半空。

除了锋利的爪子，金雕卓越的猎杀能力主要归功于敏锐的视力。它们可以在 1.5 千米高空发现野兔的身影，这种非凡的视力至少是人类视力的 8 倍。和人类一样，它的眼内也有一圈睫状肌，通过收缩改变晶状体的凸度，从而可以根据距离远近瞬间调整视力。

 万花筒

当金雕在高空锁定目标后，它能像炮弹般快速俯冲而下，这时候一粒沙子都能像子弹般击中它的眼睛，因此金雕眼睛上的一层瞬膜可用来保护眼球。

滑翔高手

从白雪皑皑的阿拉斯加旷野到北非的荒野大地，金雕的身影遍布五大洲。在这样严酷的环境下，金雕的生存面临极大的挑战，它们必须在相当于三万多个足球场那么大的区域内搜索猎物。长距离飞行需要消耗很大的体力，所以金雕采取了另一种飞行技巧——滑翔，这是最省力的一种飞行方式，从而使它

▲滑翔的金雕

可以在空中滞留多个小时来寻找猎物。

金雕常常借助于岩石和悬崖边缘形成的强劲上升气流，把它们作为起飞和拉升飞行高度的平台。风中起飞能够减少体力消耗，借助上升的热气流也能不断提升飞行高度。由于热空气的上升速度比金雕下坠的速度快，这使它能够不断盘旋向上，平均速度可达每小时 130 千米。即使是这种无动力飞行，它的速度也比猎豹要高出许多。

小 贴 士

金雕的翅膀非常适合滑翔。它的翅膀展开可以达到两米，如此大的表面积提供了巨大的升力。此外，空气能沿着它外侧飞羽上的槽沟划过，从而减少紊流，提高飞翔的稳定性。

空 中 之 矛

金雕往往先在空中缓慢盘旋，一旦发现猎物，就会如锋利的矛一般俯冲而下，抓住猎物后又会闪电般直插天空。

抓捕野鸡的情景令人叹为观止。当金雕飞到野鸡下方时，突然仰身腹部朝天，用利爪猛击野鸡。野鸡受伤下落时再翻身俯冲，将下落中的野鸡凌空抓住，如同精彩的飞行表演。

▲高速俯冲的金雕

外出觅食的野兔也常常遭到金雕袭击。金雕在俯冲时双翼、尾部和鹰爪用于控制速度。直到最后的 1/6 秒，鹰爪才完全张开。金雕的速度和体重形成了巨大的冲击力，扑向野兔柔软的身体。

▲追捕野兔的金雕

 轶闻趣事——"保安"夏延的故事

　　长期以来，意大利巴里机场跑道上频繁出现的狐狸和野兔让人头痛不止，这些"不速之客"不仅给飞机起降带来了较大的安全隐患，还造成了巨大的经济损失。

　　2008 年初，巴里机场启用了一名特别的"保安"——夏延（Cheyenne），它其实是一只身形巨大的金雕。夏延的职责是不让附近的狐狸和野兔靠近飞机跑道。自从夏延出现后，那些惊恐万状的狐狸和野兔只好老老实实躲在树丛中了。

田园卫士——猫头鹰

它常常在夜晚发出阴森凄厉的叫声，飞行时又像幽灵一样飘忽无声，常常只见黑影闪过，给人以恐怖的感觉，它就是猫头鹰。

我国民间有"不怕夜猫子叫，就怕夜猫子笑"的俗语，这里提及的"夜猫子"就是被当作不祥之鸟的猫头鹰。猫头鹰长相古怪，它灰色的大脸盘与猫颇为神似，橙色的眼睛犀利无比，竖立的两个耳朵更让人联想起神话里的双角妖怪。

虽然有些人对猫头鹰有很多误解，但其捕鼠的本领却早已被众人所认可，素有"田园卫士"之称。那么与其他捕鼠高手相比，猫头鹰的捕鼠方式到底有何特别之处呢？

广角镜

猫头鹰档案

猫头鹰又称鸮，是夜行性鸟类，大多数种类几乎专以鼠类为食，是重要的益鸟，而且猫头鹰是唯一能够分辨蓝色的鸟类。猫头鹰眼周的羽毛呈辐射状，细羽的排列形成脸盘，面形似猫，因此得名为猫头鹰。

它们大多营巢于树洞、岩隙或其他空洞中，有时也会占据乌鸦、喜鹊的巢。

极强的夜视能力

猫头鹰的眼睛是"军用夜视仪"。由于大部分猫头鹰都在夜间活动，它在夜间的视觉很好，但在白天却是弱视。这是因为猫头鹰眼睛的视网膜上有极其丰富的柱状细胞。柱状细胞能感受外界的光信号。

此外，与人类相反，在漆黑的夜晚，猫头鹰的瞳孔反而会放大，感光

自然传奇丛书

▲夜间觅食的猫头鹰

度比人的眼睛高 100 倍。因此猫头鹰的眼睛能够察觉极微弱的光亮。

猫头鹰的眼睛里，有一种硬质的、薄的、多骨的管状结构支撑它们。正因为如此，猫头鹰的眼睛几乎不能动弹。大自然为了弥补这一缺陷，才赋予了猫头鹰极端灵活的脖子，它确确实实能转动 270°。同时猫头鹰还具有一层半透明的眼睑，可以起到保护和清洁眼珠的作用。

敏锐的听觉系统

▲猫头鹰特殊的面盘

除了视觉，猫头鹰的听觉也特别灵敏，即使是非常轻微的声音，也能使猫头鹰立即在黑暗中确认猎物的方向，这是它对夜行生活的另一种适应。

那么猫头鹰在捕食的过程中是如何收集到猎物小心翼翼行动时发出的声响呢？原来猫头鹰具有一身高超的收集和放大极微声波的本领。猫头鹰脸部生着由密集的硬羽组成的面盘，这个面盘是很好的声波收集器，它犹如将手掌紧贴耳后，有放大声音的效果。此外，它还能改变环状羽的形状，使声音集中。大部分猫头鹰还生有一簇耳羽，类似人的耳廓，有利于收集音波。

猫头鹰的左右耳是不对称的，这种不对称可获得声音对两侧的错位效果，使猫头鹰得以在水平和垂直两个方向迅速校正声源，从而准确地判定猎物的位置和距离。此外，大多数鸟类的耳孔是一个小圆洞，而猫头鹰的耳孔却为两条细而深的缝，耳孔内的听觉神经元更多，听觉神经中枢也更发达。

当一只猫头鹰在黑暗的环境中搜索猎物时，它对声音的第一个反应是转头，但是猫头鹰并不是真正地侧耳倾听，而是使声波传到左右耳的时间产生差异。当这种时间差增加到 30 微秒以上时，猫头鹰即可准确分辨声源的方位。猫头鹰一旦判断出猎物的方位，便迅速出击。

小 贴 士

猫头鹰的听觉神经很发达，一个体重只有 300 克的猫头鹰约有 9.5 万个听觉神经细胞，而体重 600 克左右的乌鸦却只有 2.7 万个。另外，猫头鹰硕大的头使两耳之间的距离较大，这可以增强对声波的分辨率。

实验探究——猫头鹰如何探测猎物所在？

鸟类学家把仓鸮（猫头鹰的一种）放在全黑的房间里，用红外摄影设备观察其捕鼠活动。室内除了地面上撒一些碎纸条外，没有其他任何东西。

实验开始时，鸟类学家把一只老鼠放入实验室，开始录像。从录像上发现，只要老鼠一踏响地面的碎纸，仓鸮就能快速、准确地抓获它。因此推测，猫头鹰在扑击猎物时，它的听觉仍起定位作用。

当然，在捕食中视觉和听觉的作用是相辅相成的。猫头鹰正是在各方面都适应夜行生活才成为一个高效的

▲猫头鹰朝着小野鼠猛冲过去

自然传奇丛书

夜间捕猎能手。

无噪音飞行技术

或许是为了避免干扰到自己精确的听觉，猫头鹰总是鬼鬼祟祟地飞行，被称为最安静的鸟类。这样无声的出击使猫头鹰的进攻更有"闪电战"的效果。

猫头鹰通常使用三种无声技术。它翅膀外缘的羽毛，具有发梳式的结构，能舒缓通过的气流；身上独特的蓬松绒毛可抑制紊流；翅膀延伸的外缘相当重要，平滑的外缘会造成上下气流相撞发出轰轰的响声，但它那精巧的结构会打断气流，减少噪音。

猫头鹰的羽毛非常柔软，翅膀羽毛上有天鹅绒般密生的羽绒，因而猫头鹰飞行时产生的声波频率小于 1 千赫，而它的猎食对象的耳朵一般感觉不到这么低的频率。

万花筒

航空学工程师一直希望能将猫头鹰的飞行技术运用到无噪音飞机上，因为噪音对升空和提速毫无作用。

轶闻趣事——猫头鹰巧用诱饵设"陷阱"

据《自然》杂志报道，美国科学家发现，一类在地下筑巢的猫头鹰，收集动物粪便，摆放在自己的巢穴周围来引诱甲虫，这说明鸟类也会系统地利用工具获取食物。通过这种方法，此类猫头鹰吃到的甲虫数量是其他种类猫头鹰吃的甲虫数量的 10 倍。

自然传奇丛书

狂野猎手——精力旺盛的走鹃和伯劳

一个擅长在地面上健步如飞，一个擅长从高空中俯冲直下，但它们有着相同的猎食范围，昆虫、老鼠、青蛙、蜥蜴甚至蛇都是它们口中的美食。

它们远没有大型猛禽那般威风凛凛，喙和爪子也不像金雕那般锋利，但无论竞争多么激烈、潜在的危险多么可怕，在这片由哺乳动物主宰的领地上，它们用自己独特的捕食方式生存了下来。现在就让我们来见识一下它们各自的生存绝技吧！

▲奔跑的走鹃和飞翔的伯劳

走鹃——跑步能手

▲走鹃背部的"太阳能电池板"

走鹃和杜鹃是近亲，但它却很少飞行。我们单从走鹃的英文名 roadrunner 就可以看出它是极擅长跑步的鸟类。走鹃的翅膀不适合飞行，而它行走的速度弥补了它在飞行方面的缺陷，速度再快的猎物也不是它的对手。

为了适应快速的奔跑，走鹃的脚爪非常有力，脚趾长得也很特别，两趾向前、两趾向后，所以走鹃奔跑时留下的脚印的形状像字母"X"。走鹃细小的腿

自然传奇丛书

▲走鹃捕食的各种猎物

带动身体，每小时可以跑四十多千米。如果我们的腿能移动这么快的话，赶超飞驰的自行车毫无问题。

对极端气候的适应能力，使走鹃成为沙漠中最成功的捕食者之一。在这样一个食物匮乏的地方，走鹃不得不选择从太阳那里获得一部分能量。它的身体像太阳能电池板一样，深色的羽毛和皮肤可以迅速吸收空中的热量，使体温升高。

一旦身体暖和起来，走鹃就开始四处搜寻那些隐蔽起来的猎物。它的眼睛可以像蜥蜴一样，朝两个不同的方向扫动，一面搜寻平地上的猎物，一面警惕着高空中的杀手。

沙漠里水源异常稀少，走鹃都是从爬行动物身上获取所需的水分，所以它才会冒险去攻击响尾蛇，正是这项本领让走鹃名声大噪。当然除了响尾蛇之外，走鹃还捕食蜥蜴、老鼠和昆虫等。也许正是走鹃勇敢而强悍的性格才赋予了它在半沙漠地区非常出色的生存能力。

万花筒

古代印第安人的岩画上也出现过走鹃的脚印，他们崇拜走鹃的脚印是因为它们可以迷惑天敌，让天敌难以判断走鹃的行走方向。

轶闻趣事——机智走鹃 VS 冷血响尾蛇

走鹃可以说是响尾蛇的天生对手，因为走鹃对这个冷血杀手了若指掌。

走鹃会根据响尾蛇的大小调整作战策略。若响尾蛇体形较大，走鹃就会先谨慎地聆听响尾蛇尾巴发出的警告声，其尾巴摆动得越快，就说明它的攻击速度越快。若是响尾蛇体形较小，尾巴还不能发出声音，走鹃则会扇动翅膀去转移响尾蛇的注意力，借机发动攻击。

▲走鹃击败响尾蛇

走鹃会趁响尾蛇疏忽之际，猛然用它那坚硬的喙去啄食蛇头。它叼住蛇头后将蛇甩到空中，等蛇刚一落地还没来得及喘息，它会接着对蛇头又一阵猛啄，或者干脆叼着蛇在石头上摔打，直到蛇气绝身亡为止。

伯劳——雀中猛禽

可能你对伯劳这个名字比较陌生，但你一定听说过"劳燕分飞"这个成语，其中的"劳"就是伯劳。伯劳虽然归属于雀形目，但它却十分凶猛，有"雀中猛禽"之称。

▲看似乖巧的伯劳

伯劳的嘴很大，上嘴的前端钩曲如鹰嘴，爪强健有力，适于捕食大型的昆虫、蛙、蜥蜴及小型鸟兽等。平时，它栖息在树梢、电线等高处，东张西望，一旦发现食物就迅猛地扑过去，将猎物击倒在地，并连续重击猎物的脖颈使其屈服，有时甚至能捕杀比它身体大得多的鸟类。

轶闻趣事——树枝上的"恶作剧"

在野外，有时可以看到一种非常奇怪的现象，一条树枝上穿着几个青蛙、蜥

自然传奇丛书

▲树枝上穿刺的食物

蝎或昆虫之类的尸体，这些尸体经风吹日晒，已经又干又瘪。这个残忍又奇怪的现象既让人触目惊心，又令人百思不得其解。枝头明明长着分枝和绿叶，小动物的尸体是如何穿进去的？

原来，这都是伯劳的"杰作"。这种鸟有储存食物的习惯。在饱餐后，它们喜欢将捕获到的多余食物挂在树上作为储备。

伯劳虽然具有鹰一样敏锐的视力和锋利的嘴，却没有鹰那样有力的爪子，无法在抓紧食物的同时吃掉食物。所以，伯劳鸟必须在自然界中寻找进食所必需的有尖刺的地方，帮助它们撕裂猎物。它们遍寻有刺的东西，在上面插上捕获的猎物，包括昆虫、青蛙、蜥蜴，鸟类，甚至是老鼠等小型哺乳动物。

你知道吗？

北方伯劳鸟有时是用鸣叫声来帮助捕猎的。它们停在柳树或灌木丛中，发出不同的鸣叫声，当其他一些鸣鸟寻声而来后，伯劳鸟便停止鸣叫并袭击这些鸟。有时伯劳鸟的叫声很像一些鸣鸟的求救声，这使许多鸟好奇并飞近，这便给了伯劳鸟捕食的机会。

▲伯劳捕获的小鸟

自然传奇丛书

与伴侣共舞——热爱冒险的寄生鸟

▲寄生于羚羊的小鸟

世界上的一些动物似乎不可能会生活在一起，然而不可思议的是一些鸟类，它们可以安然无恙地进出鳄鱼的血盆大口，也可以在水牛、鹿、河马、大象和斑马的背上跳跃和休息。它们之间密切共生，不能分开，若强行分开，就不能生存。

从一方面来说，这些动物好像已失去一部分独立生存的能力；但是若从另一方面来看，它们彼此都已经找到了合作生存的伴侣，互蒙其利，而这些利益，都是在单独生存时无法得到的好处。

自然传奇丛书

牙签鸟——专业的活牙签

一个是身躯庞大且凶悍无比的尼罗鳄，一个是身形小巧的埃及燕鸻，我们暂且形象地称它为牙签鸟。它们本该是捕食与被捕食的关系，但互利互惠的关系却将它们变成了亲密的朋友。

鳄鱼经常在饱餐一顿后百依百顺地张开大嘴，等待牙签鸟来给它进行口腔清洁工作。在闷热

▲试图接近鳄鱼的牙签鸟

▲牙签鸟进入鳄鱼口中觅食

的埃塞俄比亚，牙缝里的食物残渣如果不能及时清理，鳄鱼的牙齿很容易溃疡发炎，甚至长出寄生虫。身形小巧的牙签鸟进入鳄鱼口中后，不仅不会给鳄鱼带来不适的感觉，反而将其嘴巴中的秽物清理得干干净净，为它进行一次专业的"口腔护理"。而牙签鸟在为鳄鱼服务的同时，也可以大快朵颐，填饱肚子。

对尼罗鳄来说，牙签鸟这个伴侣不可或缺，既是护卫健康的"牙医"，同时它还是个尽职尽责的哨兵。牙签鸟是一种非常机敏的鸟类，它在啄食鳄鱼牙缝中的残食时，格外警惕周围的一切，一旦发现敌情，便惊叫几声向鳄鱼报警。鳄鱼得到报警信号后，便潜入水底避难。

当然，作为共生的对象，尼罗鳄也在牙签鸟的生活中扮演着非常重要的角色，它们不仅是牙签鸟的活动餐桌，还担任着看家护院的职责。在危机四伏的沼泽区，牙签鸟理所应当地处于食物链的底层，无论是大型猛禽还是蟒蛇、蜥蜴，都会轻易地将它们捕获。但身边有了尼罗鳄这样剽悍的卫兵，天敌根本无法靠近，它们被捕的危险系数就大大降低了。

万花筒

　　饱餐后的鳄鱼常会一梦不醒地闭合大嘴，这让靠鳄口取食的牙签鸟十分担忧。不过，牙签鸟自有解脱之法：它用尖硬的羽毛，轻轻地碰刺鳄鱼松软的口腔，鳄鱼便会立刻张大嘴，让这些鸟继续工作或飞离。

牛背鹭——称职的放牛郎

在南方常常看到这样的情景：夕阳下，一群优雅的身披白色羽毛的小鸟围着耕牛翩翩起舞，要么停在牛背上，要么跟在牛身后捉食虫子，它就是牛背鹭。

鹭类给人们的印象是爱吃鱼，比如白鹭、池鹭、苍鹭等，都是以鱼、虾和水生生物为主要食物，给渔业带来一定害处。但牛背鹭是个例外，它主要是以昆虫为食，很少见它们在水域或沼泽地带活动，而常见于平原或山脚下的耕田和荒地。

牛背鹭常成对或小群体在田里、草地上活动觅食，跟在犁田牛后面，捕食翻耕出来的昆虫，也常停栖在牛背上啄吃蜱螨等寄生虫，难怪牛不会把它们轰走。

▲在牛背上觅食的牛背鹭

▲牛背鹭捕食青蛙

自然传奇丛书

当然牛背鹭并不是一个专一的"伴侣"，在共生的选择对象上，它们也会落在其他各种大型哺乳动物的背上，挑它们皮毛或皮肤皱褶里的寄生虫来喂饱自己。

此外，牛背鹭对环境变化很敏感，比它们的伙伴警惕性更高。这样，在有侵入者或有危险的时候，高高在上的它们就能提前预告，让伙伴及早脱身。

▲牛背鹭拥有多种共生伴侣

 小 贴 士

　　牛背鹭所吃的食物种类近 30 种，其中 90％以上都是昆虫类和其他蠕虫。在这些昆虫种类中，有 80％是农业中的害虫，如蝗虫、蟊斯、蟋蟀、金龟子、地老虎、白蚁和虱类。它们还捕食小型青蛙。

红嘴牛椋鸟——犀牛的警卫

凶猛的非洲犀牛也有自己的鸟类朋友。在非洲一些地方，红嘴牛椋鸟被称为"犀牛的警卫"。这些娇小的警卫一发出警告，犀牛便立即逃跑。

▲红嘴牛椋鸟

虽然犀牛那坚硬的皮肤如同一身刀枪不入的铠甲，可是它又嫩又薄的皮肤皱褶间却很容易招来一些寄生虫和吸血的蚊虫，它们会乘虚而入，在这些既隐蔽又温暖的皱褶间靠吸食犀牛的血液而滋生、繁衍。备受折磨的犀牛对它们无可奈何，除了在被蚊虫叮咬得又痒又痛时不停地往身上涂泥外，只有寄希望于它的"好搭档"——红嘴牛椋鸟。犀牛往往很喜欢这些会飞的小伙伴前来帮忙，这是为什么呢？原来那些成群地落在犀牛背上的红嘴牛椋鸟是为了觅食，它们尖尖的喙可以毫不费力地将害虫啄食干净。

红嘴牛椋鸟是一种"多情"的共生鸟。除了犀牛之外，我们还可以在斑马、长颈鹿和羚羊的周围看到红嘴牛椋鸟乖巧的身姿。它们拥有锋利的爪子，两个脚趾朝前两个脚趾朝后，这

▲"多情"的红嘴牛椋鸟

自然传奇丛书

样有利于它们以任何角度在不同的动物身上抓牢站稳。

除了帮助这些大个头伙伴灭虫外，牛椋鸟也是它们的义务哨兵。若是有敌人逆风悄悄地前来偷袭，它就会飞上飞下，叫个不停，提醒主人注意有危险到来，尽早躲避。

然而，它们的行为并不总是有利于伙伴的。有人怀疑它们有时会咬开宿主背上的伤口，使伤口处滋生更多的寄生虫，以此作为自己以后的餐点。

牛椋鸟的一生几乎都是在自己的主人身上或者身旁度过，甚至在它们的背上求偶交配。即使它们飞到别处去搭建巢穴离开主人时，还要拔下主人背上的毛发来装饰巢穴的边缘。

轻松一刻——加拉帕戈斯岛的吸血雀

▲吸血雀

厄瓜多尔西部的加拉帕哥斯群岛，是世界上最完好的生态净土，那里有一种鸟以吸食其他动物的血为生，它就是吸血雀。

吸血雀日常的开胃小菜是鲜血，而且还必须是活生生的海鸟。一旦食物不够吃的时候，它们就瞄上了海鸟。吸血雀会停在海鸟的屁股后面，用尖利的喙不停地啄，直到有血流出来。其他的吸血雀就在它后面排队等着分享美味，直到海鸟受不了飞走才会停止。

潜水捕鱼的明星——鸬鹚

▲竹筏上的鸬鹚

倘若你到过河湖密布的南方水乡，那么你对竹筏上的这一番情景必不会陌生；或者翻开如今已泛黄的小学课本，找到《鸬鹚》一文，有一幕必定在脑海中依旧鲜活——渔人只要站起来，拿竹篙向船舷一抹，鸬鹚就都扑着翅膀钻进水里去了。

然而，因为目前鸬鹚已被禁止用于捕鱼，这样美丽的意境已经很少见到了。曾经，竹筏上这些或蹲或站的黑色大鸟是渔民天生的助手。因为它们捕鱼时像鹰一样凶猛，所以人们又管它叫"鱼鹰"。接下来就让我们看看它在水中是如何大显身手的。

与众不同的羽毛

这里的与众不同并不是说和其他水生鸟类相比，鸬鹚的羽毛有多么鲜亮，它有的是别样的魅力。

大多数水鸟的尾脂腺能分泌油脂，它们把油脂涂在羽毛上以达到防水的目的，从而保持浮力和体温。鸬鹚身体外层的羽毛，却可以让水渗进去，水压把储存在外层羽毛中的空气排出来，推动鸬鹚急速下潜；而鸬鹚的内层羽毛是防水的，在冰冷的水里起到保暖隔热的效

▲准备潜水的鸬鹚

自然传奇丛书

果，吸水的羽毛能够让鸬鹚迅速潜水。

鸬鹚长得更像企鹅，它们在水波里穿行，动作轻盈而优雅。在水面上游动时，鸬鹚可以整个沉进水里，但要想继续待在水里还需要额外的力量，所以它们潜到水底吞食一些小石子，这些石子就好比潜水员的增重腰带，能克服身体的天然浮力，甚至能帮助鸬鹚消化食物。

小贴士

鸬鹚缺少尾脂腺，它们的羽毛防水性差，身体很容易被水浸湿，所以不能长时间地潜水、游泳。在每次捕鱼后，鸬鹚要站在岸边晒太阳，待羽毛晾干之后，它们才回到水中捕鱼。

雪亮的眼睛

▲搜寻猎物的鸬鹚

鸬鹚的眼睛十分敏锐，当它发现水中有鱼时，立即将自己的身体紧缩，然后一个猛子扎到水里，朝猎物飞快地游去。在出击的同时，它的大尾巴就好比是操控着运动方向的飞行舵，翅膀紧贴在身体两侧，呈流线型，使鸬鹚在水里活动起来更为轻松自如；强有力的腿部肌肉和蹼足让鸬鹚在水中迅速前进，其瞬间爆发速度高达每秒三米。

在水里捕食不但要会游泳，还要能看清自己追捕的目标。一般来说水面上很亮，瞳孔会缩小到只接纳有限的光线，而鸬鹚的眼睛在水面上下都同样能看清楚。在水里，鸬鹚的瞳孔会扩大以接纳更多的光线，柔软的晶状体能凸出于虹膜之外，以增加弧度更容易聚焦。为此鸬鹚把头埋进水里搜寻猎物，一旦发现合适的目标，鸬鹚便迅速行动，像战斗机一样灵活。

小资料——鸬鹚在水下进行无氧呼吸

潜水捕鱼时氧气极为重要，因此鸬鹚的肌肉里布满血管，以提高供氧的效率。如果潜水的时间超过一分钟，空气还是不够，这时鸬鹚的肌肉就会进行无氧呼吸，以使自己能在水里待得更久。

同时，在潜水时，鸬鹚身体内会发生不可思议的变化，它们的心率会迅速减缓，从而降低心脏对氧气的需求量，把更多的氧气留给需要持续运动的肌肉。

万花筒

鸬鹚进行无氧呼吸时会产生乳酸，而乳酸的堆积容易造成肌肉疲劳，因此和所有的潜水员一样，鸬鹚必须不时地浮出水面呼吸。

浑水"摸"鱼

▲正在捕鱼的鸬鹚

鸬鹚的水性极好，是鸟类中的潜水专家。尽管鱼的身体又光又滑，可一旦被鸬鹚啄住，就别想脱身。然而，在清澈的水里，却很难捕获鱼儿。

原来，成群结队地聚在一起的鱼，有很多双眼睛在同时观察着四周，一旦发现什么风吹草动，鱼群就迅速散开，及时躲避。尽管鸬鹚在水里有卓越的适应能力，但不论它潜到哪里，鱼群都能很快发现。

于是，鸬鹚采用了另一种方法来解决问题。它在水草丛中穿越搅动泥巴把水弄浑浊，好像烟雾一般，自己躲在里面准备伏击。

自然传奇丛书

你知道吗？

在河水浑浊不堪时，视觉很难发挥作用。那么，鸬鹚是怎样在浑浊的河水中找到鱼群的呢？原来鸬鹚的听觉十分发达，它能够替代眼睛准确地定位猎物。在自然界中，有些盲眼鸬鹚就可以依靠它们那发达的听觉器官追捕鱼群。

团队协作

单独行动的鸬鹚或许在速度上占有优势，但成群的鸬鹚战斗力更强。群体发动是为了确保所有的成员都有所收获，这也是合作捕食的好处，即使技艺再高超的捕鱼能手也不会排斥这样的作战策略。

鸬鹚是群居的鸟类，很擅长成群结队地捕猎。当遇到较大鱼群时，它们并不急于发动攻击，而是先跟着鱼群游上一段路程，然后趁鱼群放松警惕时，猛地朝最后面的鱼咬上一口，被咬伤的鱼向鱼群乱钻，不一会儿搅得鱼群乱了阵脚，刚好掉进其他鸬鹚的嘴巴里。当遇到一二十斤重的大鱼时，一只鸬鹚无能为力，它就向同伴发出信号，于是几只鸬鹚一拥而上，有的叼头，有的咬尾，让大鱼无从反抗，乖乖就擒。

各取所需——互不干扰的剪嘴鸥和海雀

▲剪嘴鸥和海雀

在岩石较少的沙滩上，浪一般较小，许多不同种类的鸟生活在这里，用不同的方法在自己的地盘上觅食，相安无事，互不侵扰。

成群结队的剪嘴鸥在浅海地带不断地盘旋，它们扇动着翅膀，翘起尾部，竞相张开嘴巴，将长长的下喙完全插入水面，既滑稽又可爱。

海雀没有在水面上空盘旋飞行，而是一次次地潜入水底。这些鸟既没有锋利的脚爪，也没有锐利的喙，然而漫长的进化让它们练就了一套弥补自身缺陷、适应自然环境的捕食本领。

天生豁嘴——剪嘴鸥

这些小家伙长相十分滑稽，上喙短、下喙长，很像人类的"地包天"，然而剪嘴鸥们的生活却并非一部喜剧，它们天生的"豁嘴"连捡拾丢在地上的食物都十分困难。

剪嘴鸥主要以鱼类为食。它们常贴近水面飞行，将细长的下喙插入水下，就像正在执行探测任务的扫雷器，可以精确地感应到鱼群所处的位置，又避免形成较大波纹，对鱼群造成惊扰，从而出其不意地将小鱼捕获

▲水面觅食的剪嘴鸥

并吞入肚中。由于剪嘴鸥上喙过于短小，很难衔住大鱼，只能以小鱼果

▲剪嘴鸥撒"大网"捕鱼

腹，因此，它们不得不一次又一次地将下喙插入水中。

此外，剪嘴鸥拥有组织严密的"搜索阵形"。在捕食前整个族群呈"人"字形排开，在领头鸥的指挥下，如同张开的大网，将鱼群包围起来，一起用下喙捕食，大大提高了捕食的成功率。

然而，剪嘴鸥的下喙极易遭受损伤。高速飞行的它们很难躲开水下隐藏的岩礁，来不及收回的下喙甚至可能折断，但剪嘴鸥家族从不会因为这些潜在的危险而退缩。一旦海面下存在岩石之类的危险时，领头的剪嘴鸥会首先发现，不管它是否受伤，都会尖叫着跃起，提醒其他同伴快速攀升，避开危险。

与其他鸟类相比，它那奇特的喙在捕食、进食和哺育后代方面都没有多大的优势，然而，千百年来它们用自己的方式倔强乐观地生存着，非但没有灭绝，反而战胜了大自然所赠予的缺憾，成为人类迄今为止所发现的最长寿的鸟。

小 贴 士

剪嘴鸥个头比普通海鸥稍大，毛色黑白相间，却长着一张艳丽的橙红色大嘴，而且上喙短，下喙极长，因为形状与剪刀相似，因此得名。

万 花 筒

在水面上捕食时，剪嘴鸥的飞行速度很快，因此要想看清水中的小鱼，必须拥有极佳的视力。剪嘴鸥的瞳孔和猫科动物极为相似，能够根据光线的强弱调整瞳孔的大小，从而敏锐地获取水面下的信息。

轶闻趣事——剪嘴鸥的"保镖"

剪嘴鸥的攻击能力和防御能力很差，但是聪明的它们为自己选择了一位独特又称职的"保镖"，那就是大白鹭。

大白鹭生性凶猛，其他动物往往避之唯恐不及，而剪嘴鸥却偏偏喜欢将巢穴筑在有大白鹭出没的悬崖峭壁上，和大白鹭比邻而居。

原来，大白鹭以鱼类为食，剪嘴鸥的天生豁嘴难免会丢三落四，而大白鹭非常乐于捡拾，因此不仅允许剪嘴鸥在自己身边生活，而且不知不觉中成了它们的"保镖"。

"捕鱼达人"——海雀

和剪嘴鸥一样，海雀要想生存也离不开它那独特的喙。然而比起剪嘴鸥的"地包天"，海雀捕鱼的效率极高，可以称得上是鸟类世界中的"捕鱼达人"。

▲ 正在潜水的海雀

海雀以捕食海洋鱼类为生，生存本领极强。它是世界上潜水本领最强的鸟类，潜入几十米深的海水中捕鱼对它来说是小菜一碟。

除了出色的潜水技术外，海雀有另一套绝技。它的舌头粗糙如锉刀一

▲ 海雀离开水面满载而归

陆地动物的生存之道

▲海鸥抢夺海雀嘴里的鱼儿

样，从而可以将之前抓到的鱼整齐地卡在舌头和上腭之间，这样方便它在水里张开喙部继续捕捉小鱼。每次它的喙至少都能衔住 10 条细长的海鱼，带回巢穴中喂养幼鸟。

然而，作为体型较小的海鸟，海雀要想养活自己和幼鸟并不是一件轻松的事情。它们的捕鱼之旅可以说相当漫长，每次都要持续几个小时才能收获足够的食物。

当海雀满载而归的时候，总会遇到一些贪婪的想要不劳而获的鸟儿。由于无力反击这些体型较大的海鸟，海雀只能眼睁睁地看着到嘴的食物随"劫匪"一同飞走。

 轶闻趣事——海雀的"人海战术"

为了防御突如其来的敌人，弱小的海雀不得不想出一套"人海战术"：不论是迁徙途中，还是在栖息地，它们总是成群结队地统一行动。利用这种有效的防御行为，使其他海鸟慑于这个庞大群体的威力，而不敢接近或入侵它们的栖息领地。

若有胆大的海鸟想要涉险，海雀群会发出警告，随后成群结队发动，快速形成飞旋的环状阵容，让入侵者晕头转向，找不到进攻的突破口，最后不得不溜之大吉。

自然传奇丛书

鸟类中的"直升机"——蜂鸟

它是大自然的宠儿：身姿轻盈、迅捷，羽毛优雅、华丽。它就是栖息在美洲大陆原始森林里的世界最小的鸟类——蜂鸟。

蜂鸟飞行时能像蜜蜂一样连续而快速地拍打翅膀，还发出嗡嗡的叫声，并且它形体小巧，看上去极像在花间采蜜的小蜜蜂，因此人们给它起名为

▲飞翔的蜂鸟

蜂鸟。蜂鸟虽小，但它所表现出来的一些不同凡响的生存技能却令人惊叹。

与其他鸟类相比，蜂鸟有两个非常独特的地方：一是在吸食花蜜时能在空中悬飞，堪称鸟类中的"直升机"；二是能通过鸟喙的变形捕捉飞动的昆虫。

鸟类中的"直升机"

小小的蜂鸟是鸟类中的"直升机"，它不仅可以垂直起落，还可以倒着飞。蜂鸟的翅膀每秒钟能拍动 70 次左右。在吸食花蜜时，它不像蜜蜂那样停落在花上，而是悬停于空中，飞行技术极为高超。

蜂鸟在飞行时翅膀的扇动频率极快，人们过去一直搞不清它是如何在空中进行悬停或疾退飞行的。直到最新型的高速摄像机问世，人们才揭开了这一秘密，原来关键就在蜂鸟那与众不同的翅膀上。

自然传奇丛书

▲鸟类中的"直升机"

蜂鸟的翅膀和多数鸟类的翅膀都不一样，它有一个转轴关节与翅膀相连，这使它拥有了其他鸟儿所不具备的飞行本领。一般的鸟类之所以能够向上和向前飞行，是因为翅膀的拍动能产生向上和向前的力量。蜂鸟不仅拥有这种本领，它的翅膀还能向后旋转，产生向下和向后的力。蜂鸟通过不断向前和向后交互拍动翅膀，使产生的上下及前后的力相互抵消，从而可以在采食花蜜时长时间地悬飞了。

蜂鸟在起飞时几乎不需任何推力，只通过全速拍动翅膀即可升起，而且它的身体非常轻，在空中加速或急停都轻而易举。

小贴士

通过解剖死亡的蜂鸟，科学家发现蜂鸟的胸部肌肉纤维与其他鸟类也存在着很大不同。蜂鸟的胸部肌肉全部是红色的，这能保证它在飞行时有充足的养料和氧气进入肌肉，使翅膀拍动得既快又不会很快疲劳。

小资料——蜂鸟的世界更多彩

蜂鸟的视力要比人类敏锐得多，不仅视程远高于人类，还能分辨人类所不能分辨的光谱，甚至能看见紫外光。在近紫外光下，许多我们看起来色彩单调的物体在蜂鸟看来却是五颜六色的。

鸟类中的"大胃王"

蜂鸟虽然袖珍可爱，却是不折不扣的"大胃王"，这和它那极快的呼

自然传奇丛书

吸和心跳频率有关。差不多每过几分钟，蜂鸟就要进一次食，它一天中采食的花蜜甚至超过了它的体重。除了采食大量花蜜补充糖类之外，蜂鸟还需要补充蛋白质以增加肌肉力量。尤其是当雌鸟哺育幼雏时，它还需要补充脂肪和氨基酸，而花蜜中几乎没有这些物质。因此，蜂鸟每天还必须捕食相当数量的昆虫才能维持生存。蜂鸟的喙有双重功能，既可吸食花蜜，又可捕食昆虫，这皆是自然选择的结果。

吸食花蜜

蜂鸟呈锥形的喙非常长，可以插到花的中心吸食花蜜。人们常看到飞在花丛中的蜂鸟伸出半透明的舌头快速舔食花朵，每秒钟能舔食十多次。当它在花丛中觅食时，还会将花粉带到附近的花朵上，起到为植物传粉受精的作用。此外，蜂鸟的记忆力极强，它甚至能记住数年前来过的觅食地点。

▲悬停在空中吸食花蜜的蜂鸟

捕捉昆虫

根据鸟喙的大小和长短，鸟类在空中捕捉飞虫主要采取两种方式。某些长着大嘴的鸟类，如夜鹰、蛙嘴鹰等在捕食时将嘴张得大大的，让昆虫

自然传奇丛书

直接飞进嘴里，最后吞入嗉囊中。与此相反，那些喙部较窄的鸟儿，如捕蝇鸟等则用喙直接在空中啄食昆虫，看上去就像是用一把镊子在空中夹取昆虫一样。

从蜂鸟的喙部结构来看，它应该是采取后一种捕食方式。但是，有专家发现，蜂鸟在捕食方式上更像夜鹰，它那看似笨拙的像针一样的长喙能张得极大，以便灵巧地捉住飞虫。

▲蜂鸟追捕蜜蜂

轶闻趣事——蜂鸟的喙会"打弯儿"

大部分鸟类的下喙是不能扭曲、活动的。让人感到惊奇的是，当蜂鸟张开长喙捕捉昆虫时，它的下喙的中间部位会突然向下弯曲，使它的嘴张得极开，从而轻而易举地将昆虫衔在口中。

骨也能弯曲吗？这听起来似乎有点儿不可思议，但在动物界中的确存在这种骨。拥有能弯曲的骨的动物虽然很稀少，但并非没有，例如蝙蝠的翅骨就能弯曲，啄木鸟的舌骨也能弯曲。

哺乳动物的猎食探秘

　　哺乳动物的种类很多，全世界大约有4000多种，其中有的善于在陆地上奔跑，它们驰骋在茂密的森林里、苍凉的荒漠中和无垠的草原上；有的生活在高高的树上，并能像鸟儿一样飞翔；也有些种类善于游泳，常年生活在水中，以捕食鱼虾为生。

　　与哺乳动物多样的生活习性相适应，它们适应战场的独特能力也千姿百态，包括致命的武器和狡猾的战略。我们无法从这些动物的外表判断危险或安全，有的动物貌似可爱实则狡诈，有的动物相貌狰狞实则性情温和，但它们全部发明出各种妙计来捕猎、御敌和杀戮。

优雅与完美的化身——猫科猎手

猫科动物是自然界中隐蔽的猎人、伏击专家、快如闪电的杀手、天生的猎食者，每一个种类都拥有异乎寻常之处。

猫科动物是高度专业化的猎食者，拥有大量精密的武器，它们是本性难移的食肉动物。前进、跳跃、突袭或者飞奔，单独捕猎或是协同作战，猫科动物高度专业化，每个种类都有自己独特的进攻方式。

广角镜

猫科动物

猫科动物是一种几乎专门以肉食为主的哺乳动物，生活在除南极洲和澳洲以外的各个大陆上。知名的成员有狮子、老虎、豹、美洲豹、美洲狮和猎豹等大猫，以及猞猁、狞猫和短尾猫等野生猫。

无与伦比的感官

猫科动物生来就是为了追逐和猎杀，拥有极佳的身体结构。它们是自然界中最完美的杀手，也是世界上最优雅的杀手之一。

精细的听觉

我们都知道狗的听力很好，其实它比不上猫科动物。你看，猫科动物的耳朵从根部向上逐渐减小，耳尖或圆或尖，并向上直立，它们拥有极其敏锐的听力。

▲狞猫的耳朵

自然传奇丛书

猫科动物能够独立工作的两只耳朵，像转动的雷达天线一般搜索着各种声音，能听到很多人类听不到的声音，就连最细微的响动也不会放过。当声音传来时它们通常会将头迅速转到声音来源的方向，听觉和视觉的密切配合更有助于它们的猎食。

　　猫科动物拥有出众的平衡感。它们的内耳中同人一样也有前庭器官，可以通过复杂的机制来维持身体的平衡，并通过这种机制让它们在空中调整姿态，确保四脚先着地。这种高度发达的平衡力，对潜行、跳跃式捕猎颇为重要。

敏锐的视觉

　　猫科动物头部正前方的眼睛大而圆，从身体比例上来说是食肉动物中最大的。它们的视野宽阔，并且拥有色彩斑斓的彩色视觉。

　　猫科动物的瞳孔伸缩性极佳，在不同的光线下，瞳孔可以迅速改变大小。在光线强烈时，小型种类的瞳孔可以缩成一条狭线，大型种类像狮子等则可以

▲猫缩小的瞳孔

缩成小圆孔借此避免受到强光的刺激；反过来，瞳孔在夜间能充分放开，以便最大限度地吸收光线，所以它们既能看清黑暗中的物体，也能看清强光下的物体。

　　猫科动物对短波光线的感受，超过人类的六倍，所以对骤然的黑暗，猫的眼睛比人类适应、调整得更快。猫科动物的眼睛看起来好像能在黑暗中发光，实际上那只是对外来光源的反射。这些超乎寻常的本领使猫科猎手能在茂密的森林里精确捕食黑暗中的猎物。

独特的触觉

　　触觉对于猫科动物非常重要。如果我们把猫的胡须剪断，就会发现当

它面对一个明明进不去的洞时，也可能会硬往里钻。猫科动物如果没有了胡须，不仅会影响它们的外貌，而且会削弱它们的感觉能力。这是为什么呢？

原来猫科动物的胡须或触须是它们最

▲豹用胡须触碰猎物

精密的触觉器官。在它们的鼻子两侧、眼睛上方、面颊以及前爪的背面都有胡须或触须。触须的末端连着许多感知神经，起着触觉作用，可以用来探察周围的情况，如探测物体与物体之间的距离、区分危险和猎物。敏感的胡须可以察觉最微弱的气流，因此在漆黑的夜晚，它们也能摸索着走过森林，甚至能感受到猎物停止呼吸的时刻。

灵敏的嗅觉

所有的猫科动物都有灵敏的嗅觉。我们人类大概有500万个嗅觉神经，而猫科动物有1900万个嗅觉神经，而且它可以闻到很多其他动物闻不到的气味。

猫科动物并不是像狗那样用嗅觉来搜索食物，因为猫科动物的味觉器官不够灵敏，它要代替一部分味觉的感受；同时它还代替判断食物的能力，嗅觉和视觉的协调配合使猫科动物可以在令人吃惊的距离内嗅出猎物或它们喜欢的食物。

自然传奇丛书

小资料——猫科动物舌的作用

我们常用"狼吞虎咽"来形容某人吃东西过快。其实猫科动物进食确实是狼吞虎咽，它们似乎从不需要品尝滋味，只要填饱肚子即可。原来猫科动物舌头的主要功能不是品尝味觉，因为它们的味腺小而不发达。但是猫科动物的舌头上覆盖着一排排粗糙的突起叫乳头，为其他食肉动物类所少见，这些突起能从兽皮上刮下毛，从骨头上剔下肉。此外，它们的舌头还可以起到清洁皮毛、抚慰幼仔和调节体温的作用。

▲狮子犹如砂纸的舌头

尖锐的牙齿

对于天生的猎手猫科动物来说，锋利的牙齿是必不可少的猎杀武器。它们的上下颌有3对门齿，虽然小而弱，但其功能不容小视，主要是用来啃食骨头上的碎肉和咬断细筋。最为突出醒目的是犬齿，长而发达，并且与

▲猎豹匕首一样的犬齿

自然传奇丛书

附近的门齿及前臼齿之间保持适当的空隙，这些间隙能使其在猎杀时咬得更紧，贯穿得更深，因此犬齿是主要的猎杀武器，用来杀伤或咬死猎物。

超大的犬齿可以像匕首一样刺进猎物的脖子里，每种猫科动物的犬齿都是进化的精品，不费吹灰之力就能扎进猎物的椎骨之间，敲开椎骨，切断脊髓，令其瞬间丧命。

猫科动物还拥有所有食肉动物中最强壮的腭部，能够紧紧夹住猎物并有足够的力量将其骨头压碎。当猫科动物合紧它们的颌部时，牙齿就相互契合在一起，如同相互咬合的齿轮。因此猫科动物只能撕裂或压碎它们的食物，却无法咀嚼。许多食物因而被囫囵吞下，最后靠胃液来消化。

锋利的爪子

猫科动物的利爪是很多动物噩梦的化身，也是这些完美猎手仔细打磨的杀戮武器。锋利的爪子具有多种用途，既是奔跑用的鞋钉，又是爬行和撕肉的工具。猫科动物的前爪还是防御和狩猎时强有力的武器，在攀爬或站在摇摇晃晃的树干上时，也成了最佳工具。

此外，猫科动物还有许多猎杀的辅助工具。漂亮的皮毛为它们提供了完美的伪装；高度灵活的脊柱使它们具有最大的步幅和极好的弹跳能力；强壮的后腿肌肉使它们能飞快地追上猎物，长长的后腿又为突袭和跳跃提供了动力；当它们急速奔跑时尾巴又起着方向舵的作用。

小贴士

为了确保这些利爪在行进当中保持锋利且不被折断，并能让它们的步伐悄无声息，它们的利爪在大部分时间里都收于脚掌之下，行进当中着地的是各趾的趾垫和掌中的肉垫，这也是它们采用埋伏和突袭等特殊猎食方式所必需的。猫科动物也常常通过在粗糙的表面抓挠或用牙咬来使这些利爪保持锐利。

自然传奇丛书

轻松一刻——《阿凡达》与猫科动物

　　《阿凡达》中的纳美人颇似猫科动物的化身。仔细看纳美人的外表和动作表情，你能找到许多猫科动物的特征。比如大大的猫眼，方便夜间视物；左右摆动的尖耳朵，更好地收集声波；在树上跳跃时起平衡作用的长尾等。除此之外，你还能找到纳美人身上其他和猫科动物的相似之处吗？

▲电影《阿凡达》中的似猫科动物

大自然创作的完美猎手——虎

目前世界上最大的猫科动物——虎，无论个头、四肢还是双腭的力量都超过非洲雄狮，也是陆地上仅次于北极熊和北美灰熊的食肉兽。

除了孔武有力，虎的适应能力之强、头脑之机敏、狩猎手段之高超，在号称"专业杀戮机器"的猫科动物中也非常出众，在自然界的掠食领域堪称完美者。

▲在雪地中行进的老虎

天然的隐身衣

虎的视觉冲击力首先来自它华丽的皮毛，条状的黑色斑纹在现存猫科动物中独一无二。条纹对笼中困虎来说不过是漂亮的装饰，而在野外，无论是光影斑驳的丛林、幽暗神秘的沼泽，还是残雪覆盖的山地，它都能把虎的庞大身躯完美地遁于无形。

华丽而奇妙的外衣赋予了虎诸多便利：它在日光和月光下都可以平静安睡，而不会受到猎物惊叫声的打扰；它可以隐藏或潜行在猎物的眼皮底下，直到发起致命一击；对足够老练的虎来说，在人乱打乱敲惊动它时，如果能忍住不跑，都轻易不会被发现，甚至连大部分偷猎者也发现不了它。

小 贴 士

由于生存环境的差异，不同虎种的毛色也有所区别。如东北虎是淡黄色，孟加拉虎是棕黄或土黄色，苏门虎偏于橘红色，华南虎则接近深红色。

自然传奇丛书

广泛的猎食

老虎主要以各种大中型草食动物和杂食动物为食，比如我们熟悉的野猪、鹿、野牛等；它偶尔也取食一些大型的昆虫；秋天也尝尝鲜，也吃吃果实之类的，当然这都是非常非常少了。

▲草原动物的食物链

虎的猎食对象甚至还包括豹、熊、狼这类猛兽。因此，可以说，凡是它能制服得了的动物，都可能被它充饥。

小 贴 士

生活在不同地区的虎，猎食对象也各不相同，但有一个共同点：野生动物中的野猪、野牛和鹿以及家畜中的牛（黄牛和水牛）和猪，是虎的最主要的猎食对象。虎甚至能捕杀重达900千克的印度野牛。但一般说来它们最喜欢捕食中等大小的鹿和野猪。

出其不意的猎杀术

　　大自然的完美创作——虎，它是怎么捕食的？拥有怎样的捕食策略呢？

▲华南虎猎食野猪全过程

　　虎和绝大多数猫科动物一样，不擅长快速奔跑或是长途追逐，因此一般是采取偷袭的方法：偷袭的成败在于隐蔽，华丽的皮毛使它们完美地隐

自然传奇丛书

藏在灌木、草丛或乱石之中，静静等待猎物接近，发动突然袭击。还有一种办法就是主动出击，它们会无声无息地慢慢向猎物靠近，待距离足够近时，在猎物毫无防备之时，突然一跃而起。虎捕获到猎物之后，又会采取哪些措施呢？

对于不同的猎物虎会选择不同的策略：对于小型的或中型的食草动物，它会紧咬猎物喉咙，使其窒息而死；而对于大型的猎物比如野牛，它会爬在野牛的背上咬其背部，把野牛脊椎咬断，然后让它慢慢死亡。一般它捕食到一只 100 千克的鹿，就可以吃很久。它会把鹿移动到其他地方藏起来慢慢享用。

万花筒

虎在冲击之后的一跃，往往能扑翻猎物。在捕杀猎物时，老虎常选择咽喉、后颈、背椎等攻击。具体攻击哪个部位，主要由猎物的体型、老虎的体型、攻击时的路线、猎物的反应等综合因素决定。

伏击作战的王者——东北虎

有"丛林之王"之称的东北虎，皮毛鲜亮美丽，步伐缓慢有力，行动敏捷，主要分布在我国东北的小兴安岭和长白山区。东北虎体魄雄健，

▲两只威猛的东北虎

它的虎爪和犬齿锋利无比，犹如钢刀，是撕碎猎物时必不可少的"餐刀"，也是它赖以生存的有力武器。

东北虎捕捉猎物时常常采取打埋伏的办法。它悄悄地潜伏在灌木丛中，一旦目标接近，便"嗖"地窜出，扑倒猎物，或用尖爪抓住对方的颈部，用力把对方的头扭断；或用利齿咬断对方喉咙；或猛力一掌击碎对方颈椎骨，然后慢慢地享用。

小贴士

东北虎一般住在 600～1300 米的高山针叶林地带或草丛中，主要靠捕捉野猪、黑鹿和狍子为生。它白天常在树林里睡大觉，喜欢在傍晚或黎明前外出觅食，活动范围可达 60 平方千米以上。

轶闻趣事——东北人的"森林保护者"

常言道："谈虎色变""望虎生畏"。在人们心目中，老虎一直是危险而凶狠的动物。然而，东北人外出时并不害怕碰见东北虎，而是担心遇上吃人的狼。在正常情况下东北虎一般不轻易伤害人畜，反而是捕捉破坏森林的野猪的神猎手，也是恶狼的死对头。为了争夺食物，东北虎总是把狼赶出自己的活动地带。因此，人们赞誉东北虎是"森林的保护者"。

小个头儿的王者——苏门答腊虎

印尼被称为"千岛之国"，葱绿的岛屿点缀在茫茫大海中，如同一枚枚璀璨的珍珠，而面积达 42.5 万平方米的苏门答腊岛不仅位居世界第六大岛，这里广阔的草原、茂密的热带雨林，也成为动物与鸟类的天堂和苏门答腊虎幸福的家园。

苏门答腊虎成年后体长只有 2.3 米，体重也只有约 100 千克，不足大陆虎的一半，是世界上现存个头最小的老虎。然而个头小不仅丝毫不会影响它们的王者风度，反而是进化的完美产物。它们与生俱来的凶猛，就连

自然传奇丛书

▲苏门答腊虎

鳄鱼、大象都望而生畏。"浓缩的都是精华",这句话在苏门答腊虎身上得到了充分的验证。

在热带丛林中行走,苏门答腊虎的小个子就体现出了优势。它轻手轻脚地向前移动,不出一点响声,而它橙黑相间的斑纹衣服又与丛林的颜色融为一体,猎物很难发现它们的存在。

苏门答腊虎瞄上了一只刚刚成年的鳄鱼,它一跃窜出草丛,冲到了鳄鱼的面前。虽然这条鳄鱼体形不大,但也足有上百公斤。面对强敌,雌虎并非一味蛮干,它灵巧地在鳄鱼背后跳来跳去兜着圈子,避开鳄鱼的大嘴,鳄鱼还没来得及转身就被咬住了脖子。鳄鱼拼命扭动身体,雌虎依旧死死咬住不放。几分钟后鳄鱼渐渐失去了抵抗能力,瘫软下来。雌虎拖着比自己还重的鳄鱼走向丛林,安然地享受自己的鳄鱼大餐。

老虎竟然战胜了比自己还大还重的鳄鱼,这让科学家都感到吃惊和困惑。鳄鱼皮如同强韧的盔甲,苏门答腊虎怎么能够在瞬息之间,如此准确地咬到它的死穴,并将它置于死地呢?

鳄鱼并不是一个最合适的猎物,也许在与大陆分割之后,苏门答腊虎曾经遭遇过食物短缺的问题,在千百年的进化中,一代代老虎也许付出了无数次血的代价才练就了这套独一无二的"鳄鱼绝杀技"。

万 花 筒

苏门答腊虎的猎食范围非常广泛，在它们的菜谱上，除了鹿、野猪、豪猪、蟒之外，甚至体重达数吨的幼象、幼犀也赫然在列。而它们最喜欢的食物中，鳄鱼竟然名列第三。

轶闻趣事——苏门答腊虎与清风纸巾间的渊源

▲ "保护苏门答腊虎" 灯箱公益广告

印尼 APP 造纸集团，为了牟取利益，大肆砍伐热带雨林，使环境遭到严重破坏，导致苏门答腊虎数量锐减，目前全球仅剩不到 400 只。

由于 APP 集团并没有采取任何停止砍伐森林的措施，为了不让苏门答腊虎数量继续减少，越来越多的公益组织和个人投入到苏门答腊虎的保护中，并发起了"抵制清风纸巾，保护苏门答腊虎"的活动。

自然传奇丛书

天生的团队猎手——狮子

漂亮的外形、威武的身姿、王者般的力量和梦幻般的速度完美结合，使狮子赢得了草原上"百兽之王"的美誉。狮子是地球上力量强大的猫科动物之一，在狮子生存的环境里，其他猫科动物的猎食优势都显得有点逊色。

▲雌狮和雄狮正在瞭望远方

王者的食谱

在非洲热带草原和树林的边缘，常常栖居着成群的狮子，小白羚羊、黑斑羚羊、角马和斑马都是它们的捕猎对象。它们有时也捕食野猪和长颈鹿，还经常打鸵鸟的主意。

如果非得为狮子列出一张食谱，上面可能会包括非洲大陆上体重能够超过1千克的所有哺乳动物，以及多种鸟类和一些爬行类动物，比如龟。

万花筒

事实上狮子吃任何能找到的肉类，有时它们还会仗着自己个头大，顺手抢其他肉食动物的战果，甚至为此不惜杀死对方。另外，它们也经常吃动物腐尸，还特别喜欢抢鬣狗的食物！

自然传奇丛书

团队捕猎高手

▲一只充满杀气过河猎食的雌狮

狮子虽然身躯健壮，动作敏捷，擅长短距离的冲刺，但是却不耐长跑。它也不善爬树，不会游泳，所以狮子的捕食方法与老虎和豹子大不相同。它们采用打埋伏的策略，将捕捉对象从这头赶到那头，尽管狮子奔跑时的速度高达每小时 60 千米，但是它们的猎物往往比它们跑得还快。

为了避免过早被猎物发现，尽可能地利用一切可以用作遮掩的屏障隐藏自己，狮子必须悄悄地走近猎物。只有在 30 多米的范围内发起突然袭击，迅疾地向目标猛扑过去，狮子才有可能捕获成功。如果不能瞬间将猎物制服，它会以每小时 50 到 60 千米的速度追赶。如果在 100 米内抓不到这个动物的话，它便会放弃转而寻找别的猎物。

▲狮子正在猎捕斑马

自然传奇丛书

狮群不论白天黑夜都可能出击，不过夜间的成功率要高一些，尤其是月黑风高的夜晚。风对狮子的捕食来说一般没多少影响，不过要是遇到大风天，它们可能就会趁势成功捕食野牛等大型动物，因为风吹草动制造的噪音会掩盖住这些猎手靠近的动静。

　　雌狮集体围猎时也讲究策略。狮群成员们分散开围成一个扇形包围一群猎物，把捕猎对象围在中间，切断猎物的逃跑路线，然后从各个方向接近，其中有些负责驱赶猎物，其他则等着伏击，伺机在被围的兽群惊慌失措时找准一个倒霉的家伙下手。杀死猎物的往往是雌狮，而最先享用食物的却是雄狮，只有等雄狮吃饱后，才轮到雌狮和小狮。

▲狮群正在分享猎物

　　也许是因为太张扬的鬃毛使得雄狮很容易暴露目标，它们很少参与狩猎。不过很明显，它们的狩猎能力仍不容小觑，在对付大水牛、成年河马等等大型猎物时，还是雄狮坚硬的利爪和强有力的犬齿更管用。

　　狮子填饱肚子后会就近寻找水源补充足够的水分，然后在附近休息几天。如果附近没有水源，狮子也能忍受较长时间的干渴，因为新鲜猎物血肉中包含的水分本来就很丰富。

狮群积极行动、密切配合不断获取食物。然而在捕猎时，狮子们有时缺乏技巧。尽管它们吃苦受累，用最快的速度接近猎物，但是却没有遵循那条规则：必须从下风方向接近对方。狩猎时，这些大型猫科动物并不会注意风向，因而往往将气味暴露给了它们的猎物。由于猎物早在狮子达到致命距离之前，便嗅到它们的气味。此外，由于相比于它们庞大身躯的小小心脏，狮子缺乏长途追击的耐力，只冲刺一小段路程后就筋疲力尽了。因此，一场精心策划的伏击战，便有可能付诸流水。

小 贴 士

尽管狮群"群起而攻之"这招看着厉害，但实际上成功率只有20％左右，而单只虎狩猎的成功率也可达到15％，如果根据食物密度来算，狮捕食的成功率远低于虎。只有当狩猎地点比较容易藏身时，狮子才会获得成功。

完美的猎手——豹子

豹子是猫科动物中最敏捷、最凶残的动物，它比老虎和狮子更沉着、狡猾和凶猛。从沙漠到雨林，从平原到高原，豹子不论在哪里都能生存。

豹具有灵活、矫健的身材，是动物界公认的短跑天才。豹的体能极强，视觉和嗅觉灵敏异常，性情机警，既会游泳，又善于跳跃和攀爬，堪称完美的猎手。

▲腾空跃起的豹

速度杀手——猎豹

猎豹具有流线型的体型，所以它跑步时显得十分轻盈。猎豹的脊椎骨十分柔软，无论是站立的时候还是奔跑的时候，它的身体轮廓都像是一座青铜作品，所以有媒体把猎豹的背部与臀部曲线列为一种自然遗产。

速度至上

猎豹的惊人速度源自异常灵活的躯干。它向上弓起脊柱，然后展开，就会拉大步伐的间距，臀部和肩部的关节也可以延展非常大的角度。猎豹的步频极快，跳跃的间距也很大。可高速运动也带来了较严重的问题——体温会急剧上升，甚至危及生命。

因为猎豹跑得快，其他的猎物无法跑得比它更快，如果一直沿直线跑，就无法逃脱。它们只好想办法，那就是它们会跑几步转一下，不停地急转弯。这时候猎豹就必须依靠长长的尾巴保持平衡，不至于摔倒，尾巴在这时候就起到了至关重要的作用。

小 贴 士

　　猎豹是目前陆地上奔跑速度最快的动物，它的时速可以达到 112 千米。如果人类的短跑世界冠军和猎豹进行百米比赛的话，猎豹可以让世界冠军先跑 60 米，然而最后到达终点的依然是猎豹。

小资料——猎豹奔跑时的考验

　　猎豹跑得那么快，对它整个身体的呼吸系统和循环系统无疑都是一种考验。当奔跑速度达到 110 千米以上的时候，它的呼吸系统和循环系统都在超负荷运转。因为当动物机体运动的时候，它的体内会产生大量的热量。由于猎豹无法一下子把囤积的热量排出去，很容易出现虚脱症状，所以猎豹一般只能快速短跑几百米。因此当猎豹抓住猎物之后，必须要休息一下，或者喘喘气，才能开始进食。通常这时也是猎豹最脆弱的时候，它的猎物很可能被附近的狮子抢走，甚至它自己也有生命之忧。

▲追逐食物的猎豹

自然传奇丛书

轶闻趣事——猎豹的"无奈"

与狮子不同的是，猎豹从不食用其他动物的残羹剩饭，即使是自己捕捉到的猎物，也只吃新鲜的。

为了避免与狮子冲突，猎豹往往选择在狮子睡觉时捕食。可不幸的是，这时是秃鹫活动最频繁的时候。猎豹在开阔的草原上捕到猎物，很快就会被空中的食腐动物秃鹫发现。几只秃鹫是无法把猎豹从猎物身边驱走的，但秃鹫那尖锐的爪子对猎豹还是颇有威胁力的。

▲秃鹫和斑鬣狗坐享其成

智慧之战

猎豹堪称是陆地上捕食动物的终极杀手，它的秘密武器在于强大的爆发力，只需 3 秒钟就能从静止加速到 50 千米。然而，猎豹捕食动物未必都要身形矫健、强悍彪勇，它们也会开动脑筋，捕捉猎物。

正午时分的非洲平原正上演着一场微妙而残酷的角逐，猎豹和瞪羚集中精力，搜寻对方的踪迹。双方互有优势，维持着微妙的平衡。这是至关重要的瞬间，生死完全系于一线。作为一位终极杀手，猎豹轻装上阵。它的头部不大，下颚很短，适于精确杀戮，体表披着伪装。对猎豹来说，在进入攻击地域前不被察觉，非常关键。

而瞪羚经常监视这片地区，进食时也不放松警惕，它们成群结队以获

自然传奇丛书

得更多的警报，同时也能减小遭受攻击的可能性。瞪羚行动迅速，快如闪电，可它面对的是地球上最敏捷的猎手。然而，瞪羚也有优势——它们的体质适于长时间的高速运动。猎豹的秘密武器在于它的爆发力，只需3秒钟就能从静止加速到50千米。猎豹非常专注，通常会选择掉队的瞪羚。所以一旦进入攻击范围，它必须迅速缩短距离，否则瞪羚的耐力就会发挥作用。

关键时刻，猎豹会采取异常冒险的行动，它一跃而起，试图扑倒猎物。但是猎豹的身体非常脆弱，预测稍有差池，它就会反遭其害，因此多数追击只持续20秒左右。

猎豹的牙是比较锋利的，但是比起其他的大型猫科动物，猎豹的牙比较小，因此影响了它的打斗能力，所以猎豹有时候还不能用牙把猎物咬死，经常是靠上下腭像钳子一样把猎物的脖子卡住，使猎物窒息死亡。

▲猎豹咬住瞪羚的脖子

万花筒

　　猎豹的皮毛是一层天然的保护色，在阳光下，它身上的斑点和玫瑰花形图案形成了一层华丽的伪装层。身上的斑点和树荫、树叶混为一体。当它埋伏在树林中时，即使在几米之外，也难以发现它的存在。

热带雨林之王——美洲豹

在美洲大陆上生活着一种大型猫科动物——美洲豹，被人们奉为热带雨林之王。南美的印第安人总是把美洲豹描绘成能够在智慧上和搏斗中战胜所有对手的动物。

万花筒

从皮毛的颜色看，美洲豹与金钱豹更相似。但美洲豹头的比例较大，脸较宽，特别是眼窝内侧有肿瘤状突起为其主要的特征，这个肿瘤状突起是豹、虎和狮等其他猫科动物所没有的。

全能运动健将

美洲豹性情猛烈，力气很大，是美洲大陆的"兽中之王"。喜欢单独生活，白天一般隐藏在林中休息、睡觉，夜间或傍晚才出来活动、觅食。

美洲豹在许多方面要比狮、虎、豹等猫科动物的本领还要大，可

▲正在过河的美洲豹

以称得上是食肉动物中的"全能运动健将"。它善于攀援、爬树，能捕捉树上的猴类和鸟类，也善于游泳，而且特别喜欢水，通常在河流或水塘附近活动。事实上，美洲豹是相当出色的游泳健将，比较喜欢在陆地上或水里狩猎。当它在水中活动时，比其他任何一种大型猫科动物都更为自如，更为潇洒。

直击要害

美洲豹是猫科中的全能冠军，它集合了猫科动物的所有优点，具有虎、狮的力量，又有豹、猫的灵敏，特别是其咬合力和犬齿在猫科中最强，使猎物毙命的效率最高。

美洲豹也是猫科中唯一以袭击猎物头骨作为捕猎技巧的动物。异常惊人的咬力，让它们能咬穿爬行动物的厚皮或甲壳。它还会使用一种不常见的杀戮方式，即直接把猎物的颅骨从耳部咬穿，对猎物的脑部造成致命的损伤。

通常情况下，美洲豹总是埋伏起来，然后偷袭。它们有时爬到树上埋伏起来，待时机成熟时

▲美洲豹咬穿猎物厚厚的盔甲

狠狠咬住猎物，瞬间置对方于死地。不过，它也会使用另外一种方法，就是对猎物穷追不舍，甚至把猎物追得走投无路，束手待毙。

当美洲豹捕获猎物时，它移动得十分缓慢小心，并会挑选体弱的或者是受伤的猎物展开袭击。

万花筒

捕猎之后，美洲豹先休息，然后去喝水，似乎完全忘记了它十分饥饿的事实。经过短暂的恢复之后，美洲豹才漫不经心地绕回到它贮藏猎物的地方，卧下来享受它的美餐。这是一种鲜为人知又令人迷惑不解的行为模式。

自然传奇丛书

陆地动物的生存之道

食物储藏

美洲豹有一种相当奇特的习惯，它总是把猎物拖上一棵树，把猎物藏在树枝之间。由此，那棵树就成了豹子的食品贮藏室，从而有效地防止其他食肉动物和食腐动物的偷窃。美洲豹可以在它想进食的任何时候，回来享受它的猎物。

▲美洲豹将杀死的羚羊拖上树

万 花 筒

一只雌豹重约 50 多千克，雄豹比它重十几千克。但是它们力大无比，美洲豹可以把一只比自身重一倍的猎物拖到树上去。成年的美洲豹可以说所向无敌。

自然传奇丛书

陆地霸主——熊

在地球上从寒带到热带都分布着陆地上最大的杂食性大型哺乳类动物——熊，它的体毛又长又密，脸形像狗，头大嘴长，眼睛与耳朵都较小，白齿大而发达，咀嚼力强。四肢粗壮有力，脚上长有5只无法收缩的锋利爪子，用来撕扯、挖掘和抓取猎物或爬树。

▲动物界的大力士

熊平时用脚掌慢吞吞地行走，但是当追赶猎物时，它会跑得很快，而且后腿可以直立起来。虽然熊的嗅觉十分灵敏，但视力以及听觉都比较差，那么它们是如何称霸一方的呢？

自然传奇丛书

大力士——棕熊

▲棕熊

棕熊遍布亚、欧、北美三大洲，是世界上现存最大的食肉动物。棕熊善于游泳，也能爬树和直立行走，但动作不够灵活。

棕熊的胃口可以说是好极了，它并非是一种真正的食肉兽，荤的、素的都爱吃。它不但食性很杂，而且以野菜、嫩草、水果、坚果等植物性食物为主，有时也偷食农作物；动物性食物有各种昆虫和蜜蜂，还善于在湍急的河水中捕鱼，对小型鸟类、野兔和土拨鼠等小型兽类也感兴趣，也吃腐肉，有的还对驼鹿、野牛、野猪等大型动物发动攻击，所以比较凶猛，枪法不好的猎手往往也会成为棕熊的猎物。

由于爪尖不能像猫科动物那样收回到爪鞘里，它的爪尖相对比较粗钝。尽管如此，棕熊肩背上隆起的肌肉使它们的前臂十分有力，在挥击的时候，由于力量惊人，粗钝的爪子仍能造成极大破坏。据说一只成年的大棕熊，前爪的挥击力足以击碎野牛的脊背，而且可以连续挥出好几下，可见其力量之大。

万 花 筒

棕熊的体型较大，力量也很大，在山林中很少有动物能抵得过它，但是与老虎相比，只有嗅觉较为灵敏，视觉和听觉都很迟钝，动作较为笨拙，爪牙也不够锐利，所以如果发生争斗，会被老虎吃掉。

吸尘器——懒熊

"吸尘器"是对懒熊嘴部功能的形象比喻。生活于印度和斯里兰卡热带森林中的懒熊形象奇特，下唇长而善动，形状像舌头，上腭无内门齿，在牙龈上形成一个空隙，便于嘴伸进昆虫藏匿的缝隙中，像吸尘器一样一下把猎物席卷入口。

懒熊的视觉极差，靠嗅觉和听觉活动，所以它选择了夜间出击、白天

▲懒熊

酣睡的生活习惯，于是人们称它"懒熊"。懒熊的主要食物是白蚁等昆虫，另外也吃树叶、花朵、水果，并会捡食腐肉。

懒熊对蚁穴和蜂巢有着浓厚的兴趣。每当搜寻到白蚁巢，它们就会用利爪使劲撕开洞口，扒掉周围的土块，然后把长长的嘴伸进白蚁的巢穴大

快朵颐。有时甚至远在 100 多米之外都能听到懒熊吸食白蚁的时候发出的响亮的"噗噗"声。它们闭合自如的鼻子在捕食白蚁时起了不小的作用，可以拦住飞扬的尘土和四散奔逃的白蚁。

冰上霸主——北极熊

冰天雪地的北极，生活着一个凶猛而又顽强的物种——北极熊。长久以来，北极熊都是北冰洋浩瀚冰海的霸主。

北极熊生活的地方是一片白茫茫的冰山和雪原，植物贫乏，动物极少，北极熊却能在那里往来自如并繁衍后代，这与它们高超的狩猎本领和极强的耐寒能力密切相关。

皮厚毛长不怕冷

北极是地球上全年平均气温最低的地区，有时可达到 -80℃。在这样的低温条件下，一般的哺乳动物无法生存，然而在这里生活的北极熊却毫发无伤。

原来，它拥有一件"大棉袄"，耐寒能力极强。它的皮下脂肪厚达十几厘米，这与它的食物密切相关，它的食物以极富脂肪的海豹、海豚、幼鲸等动物为主，北极熊的食量又大，自然会使自己变成一个肥胖者，肥胖者当然更能御寒。并且，它的脚掌长得又肥又大，而且还有一层很厚的密毛，就像穿了一双毡靴，自然就不怕冰天雪地。

同时，它的身体上长了一层厚厚的长毛，也帮助它增加御寒能力。经科学家研究发现，北极熊的皮毛不仅仅是依靠厚度来起防寒作用的，它的毛呈透明的空

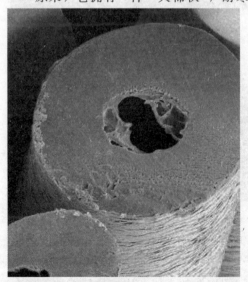

▲北极熊中空的毛发

心管状，就好像是精巧的光导纤维，空心结构更有利于保温。

此外，北极熊皮毛颜色并不是太白，比周围的冰雪要"黑"得多，因此能够吸收高能量的紫外线，既有效地保持体内热量不易散发，又充分利用极地阳光的能量，增加自身的体温。同时这种皮毛还能把散射的辐射光传递到皮肤的表面，在那里被吸收并转变成热能，使北极熊在新陈代谢中所损耗的热量得到补充。令人惊奇的是，北极熊这种天然的太阳能收集器效率很高，能把90％以上的太阳辐射能转为热能。

尖牙利爪本领高

北极熊最厉害的是熊爪和熊牙，熊爪如铁钩，熊牙赛利刃。它具有粗壮而又灵便的四肢，尤其是它的前掌，力量巨大，一掌可致命。用前掌击倒或打死猎物，是它的惯用手段。而锐利的熊爪子，能紧紧抓住食物。

▲擅长游泳的北极熊

北极熊的水性极好，可称为是天生的游泳健将，强健的体魄是它们称霸冰洋的资本，游泳时速可达10千米。但它的游泳能力与海豹相比差得太远，所以北极熊在捕食时常常采取"智取"的方式，比如静悄悄地等候在

自然传奇丛书

冰窟窿旁，等待海豹出现，一旦海豹露头，北极熊挥起巨掌，用利爪钳制，用尖牙撕扯，将海豹吞食。

有时海豹正在浮冰上进行日光浴，北极熊会蹑手蹑脚地靠近它们，突然猛扑过去，擒住惊魂未定的海豹。如果海豹躺在四周是水的浮冰上，北极熊更有妙计，它可在水中潜泳或藏在浮冰的后面，悄悄移动到海豹的身后，随后发动突然袭击，这些方法常使海豹防不胜防，无处可逃。

万花筒

北极熊的胃口很大，一次可以吞下50～70千克的脂肪和肉，好似一个临时仓库，饱食一顿后可以数天不吃东西。因为在北极地区的海豹分布不均，北极熊时常捕不到猎物，只能靠胃中的储备来维持生活。

全球变暖现危机

作为对单一生态环境有着高度依赖的生物，北极熊的整个生命周期都与浮冰紧紧联系在一起。北极熊经常跋涉千米寻找食物，累了就在浮冰上休息。就像农民离不开土地一样，北极熊不能没有海冰这个漂浮而舒适的"家"。

▲浮冰上残杀同类的北极熊

自然传奇丛书

夏季无冰期的延长，从短期来看是一场饿灾，从长远来看，很可能把这个本来就不大的种群推向灭绝的边缘。北极冰雪的消融使得昔日的北极霸主如今处境告危，溺水、同类相残、与人类争食。

由于全球气候变暖，北极冰原裂开形成小的冰岛，不幸的北极熊就被困在岛上，很长时间没有东西吃。由于失去大片捕猎时依赖的浮冰，它们不得不冒险到人类居住的地方捕食。

小资料——北极熊觅食被淹死

▲浮冰上孤独的北极熊

人们都知道北极熊是冰雪世界的"王者"，身为游泳高手的它们怎么会被淹死？

科学家的最新调查发现，由于全球变暖、北极冰层融化速度加快，北极熊的"传统领地"受到严重影响，它们不得不到更远处寻找食物，漫长的海上跋涉导致少数北极熊因精疲力竭而被淹死！

痛心的事实再次给人类敲响气候变化的警钟。在美国阿拉斯加北部海岸，短短1个月间发现了4具北极熊尸体。经过详细考证和研究，科学家们震惊地发现，这些北极熊很可能是因为长途跋涉觅食而被淹死在途中的。

据最新报道，生活在加拿大与美国边界波弗特海的北极熊因为无法获取食物，只好开始吞食同类。现在全球变暖又多了一条罪状，因为它导致了北极熊自相残杀的悲剧。

狡猾的猎手——狐

▲奔跑的雪地精灵

狐尖嘴大耳，长身短腿，身后拖着一条长长的大尾巴。人们习惯于把它称为"狐狸"。实际上，狐和狸是两种不同的动物，不能混为一谈。

狐有赤狐、灰狐、白狐等，广泛分布于北美、欧洲、亚洲和非洲的森林、草原、灌木丛和丘陵等地区。这是一群贪得无厌的家伙，它们主要吃老鼠和兔子，也吃蛙、鱼、鸟，甚至鸟蛋、昆虫、动物尸体和浆果等也"来者不拒"。

狐是最狡猾的猎手，在不同的场合，针对不同的捕食对象，它们会采取不同的策略。总之，种种狡猾的行为都是它们高超的生存手段。

北极精灵——白狐

白狐是北极苔原上真正的主人，俗称北极狐。它们不仅世世代代居住

▲北极狐的毛色随季节而变化

自然传奇丛书

在这里，而且除了人类之外，几乎没有什么天敌。由于北极狐对寒冷有极好的适应力，并且该地区存在着多种食物来源，因而它们能够广泛地分布在环境严峻的北极地区。

▲扑向旅鼠的北极狐

北极狐每年换毛两次。在冬季，北极狐披上雪白的皮毛，而到了夏季皮毛的颜色又和冻土相差无几。这有利于它们在外出觅食时伪装和保护自己。

虽然北极狐无法进攻驯鹿这样的大型食草动物，但对于捕捉小鸟和兔子，或者捞取海边的软体动物充饥都可谓小菜一碟。北极狐生存所依赖的最主要的食物还是旅鼠。北极狐拥有灵敏的感官，当它闻到位于雪窝里的旅鼠气味或听到旅鼠的尖叫声时，会迅速地挖掘，当接近旅鼠窝时，北极狐会突然高高跳起，借着跃起的力量，极其准确地将雪做的鼠窝压塌，然后猛扑过去，将整窝旅鼠一网打尽。

万花筒

北极狐不仅耳朵较短小，尾巴和四肢也比较短小。这种尽量减小体表面积的形态特征，有利于防止热量过分散失，是和寒冷的环境相适应的。此外，它们身披既长又软且厚厚的绒毛，即使气温降到－45℃，仍然可以生活得很舒服。

杀过行为——赤狐

赤狐是体型最大、最常见的狐狸，能施放俗称"狐臊"的奇特臭味。赤狐的毛色因季节和地区不同而有较大变异，一般背面棕灰或棕红色，腹部白色或黄白色。

像猫一样，赤狐依靠胡须帮助它们在黑暗中认路，并感知周围的一切。此外，赤狐视力绝佳，它的瞳孔也和猫相似，呈垂直的狭长裂缝状，

▲优雅的赤狐

▲赤狐追捕旅鼠

可以张得很大来聚光，还有特殊层来帮助聚光，因此赤狐在黑暗中也可以看清东西，堪称夜间的好猎手。

赤狐在觅食方面也很像猫。它性情狡猾，记忆力很强，听觉、嗅觉都很发达，行动敏捷且有耐久力，不像其他犬科动物多半以追捕的方式来获取食物，而是能想尽各种办法，以计谋来捕捉猎物。它往往首先在植物茂盛，野鼠、野兔活动频繁的地带，根据气味、叫声和足迹等寻找它们的踪迹，然后机警地、不动声色地接近猎物，最后突然出击，抓获猎物。有时赤狐还假装痛苦或追逐自己的尾巴来引诱穴鼠等小动物的注意，待其靠近后，突然上前捕捉。

狐生性多疑，"狐疑"一词便因此而来。在外出觅食之前，它们会先对周围进行谨慎的观察。若是遇到强劲的敌害，它的秘密武器——肛腺就会派上用场，肛腺能分泌出几乎能令其他动物窒息的"狐臭"，从而迫使追击者不得不停下来。即使被猎人捉住的赤狐，还有一套"金蝉脱壳"的绝技，即暂时停止呼吸，假装已经奄奄一息，任人摆布，但乘人不备时，它就会一跃而起迅速逃走。

  小 贴 士

赤狐也喜欢储存食物。如果食物一时吃不完，它就会精心地选择一个隐蔽的地方，小心地将它们埋藏起来，还要经过一番伪装，消除各种痕迹以后才离开，这是为了避免被其他动物发现。

自然传奇丛书

小资料——赤狐的"杀过行为"

赤狐在捕食中喜欢戏弄已经无法逃脱的猎物，还常常把能捕到的猎物统统杀死，从不放生，叫作"杀过行为"。荷兰的一位动物行为学家，曾亲眼见到一只赤狐跳进鸡舍，把里面的12只小鸡全部斩尽杀绝，最后却只带走了1只小鸡。在暴风雨之夜，赤狐还常潜入黑头鸥的栖息地，把几十只鸟逐个咬死后空手离开。

狐为什么会有杀过行为呢？有的动物学家认为，这是因为它们凶残成性的缘故。也有的科学家解释说，这只不过是一种偶然现象。当狐接近猎物时，受害者往往会惊慌失措，四处逃窜，在这种刺激下，狐会一反常态，大咬大杀起来。

投机取巧——大耳狐

在非洲的卡拉哈里沙漠，有一种生物靠着最微弱的耳语生存，它就是大耳狐。大耳狐是一种濒危物种，它的耳朵可达身高的 1/3，听觉十分敏捷。它们的食物种类较多，沙鼠、壁虎、蛇以及看起来十分凶恶的蝎子也会成为它们的野餐，它们甚至会把蝎子的尾钩也一起吞下去。

▲大耳狐捕食蛇类

大耳狐从一出生就进入这个残酷的世界，它们能在这里生存正是依赖于自己那巨大的耳朵。大耳狐需要时刻分辨听得到的声音，也许是躲在沙下的餐点，也许是偷偷接近的猫科动物。此外，大耳狐能够通过较大的耳朵和其他器官及时散发体内大量的热量，适应炎热的生活环境。

白昼时，它们依靠视觉和嗅觉寻找食物——白蚁，这是它们的主食，在沙地上找到白蚁并不是一件困难的事。虽然卡拉哈里的夜晚危机四伏，

自然传奇丛书

▲大耳狐觅食白蚁

但却是最适合大耳狐狩猎的环境。因为拥有杰出的听力，它们往往是最活跃的猎食者。它把耳朵当成雷达使用，耳朵会带领它去找到地底下的食物。在寻找食物的时候它会侧耳倾听，然后毫不犹豫地出击。

沙鼠机灵难捕捉，大耳狐和虎鼬就结成联盟，协同作战，共同捕捉沙鼠。虎鼬会钻地洞，负责进洞追捕；大耳狐机智、敏捷，负责地面埋伏堵截。这样一来，沙鼠不是在洞内被虎鼬追杀，便是在洞外被大耳狐捕获。

轶闻趣事——四川阿坝"引狐治鼠"

　　鼠害是四川草原最为严重的生物灾害之一，草原鼠类啃食牧草、掘土造丘，加剧了草原退化、沙化和水土流失，给草原生态环境带来了巨大的损害。

　　为了保持草原生态平衡，10只从宁夏远道而来的银黑狐被运到了阿坝藏族羌族自治州若尔盖县阿西乡那千疮百孔的草场上。这10只银黑狐所承担的是整整20万亩草场的灭鼠任务。

　　专家认为，引狐治鼠是有效的生物治鼠措施，既能够减少草原灭鼠对化学药剂的依赖，又解决了药物残留带来的环境污染问题。

自然传奇丛书

被人忽视的杀手——蜜獾

自然传奇丛书

非洲南部的卡拉哈里大沙漠是猎食者的家乡，为了生存，动物们必须在猎者环伺的环境下找到栖身之地，而蜜獾便是最可怕的猎者之一。

蜜獾会挑战所有的入侵者，即使是非洲最致命的蛇。它们以"世界上最无所畏惧的动物"被收录在吉尼斯世界纪录大全中数年之久。同时，蜜獾是一种意志坚定、狩猎

▲蜜獾

高效的肉食性动物，它以机智求生，并依赖独特的技巧利用各种不同的食物资源，为自己在残酷的世界中打下了一片天地。

蛇类天敌——穷追猛赶不怕毒

▲蜜獾爬上树捕猎眼镜蛇

蜜獾最爱的美食之一便是蛇，它会借由灵敏的嗅觉追寻蛇的踪迹。很多时候它都会穷追不舍，即使必须爬上树梢，即使那是世上最毒的蛇之一——眼镜蛇。蜜獾似乎对毒蛇有很强的抵抗力，就算毒蛇咬伤蜜獾也没什么用，它仍然会被蜜獾吃掉。直到现在，科学家还没有破解蜜獾不怕毒蛇的秘密。

为了躲避蜜獾的追杀，眼镜蛇爬

到了高高的树梢上，但蜜獾并未却步，让它止步不前的是难以承受它重量的小树枝。走投无路的眼镜蛇从树枝上摔了下来，在地面上急速逃窜。而蜜獾也从树上爬下来，它躲过眼镜蛇的攻击，并迅速咬住它的头。有时蜜獾会猛地从下方咬住蛇的尾巴，将它从树上拖下来。蜜獾在15分钟内就能从头开始，像吃香肠一样将五尺长的蛇整条吞下。

大部分掠食动物在饱餐一顿后会休息，而蜜獾则会继续捕食。蜜獾终日都在活动，因此需要大量的食物。有研究者曾经拍摄下一只夜间觅食的蜜獾与一条1米多长的鼓腹巨蝰之间的决斗。

刚离开洞穴没多久的蜜獾，遇到了这条刚刚捕捉到一只老鼠的鼓腹巨蝰，蜜獾将老鼠从蝰蛇的口中夺了过来，吃完后它又意犹未尽地将目标转向了鼓腹巨蝰。鼓腹巨蝰的长牙能在瞬间喷出大量致命的毒液，但蜜獾的致命武器并非利牙和利爪，而是它的凶猛和顽强。它被鼓腹巨蝰咬了一口，呼吸开始衰退。

▲蜜獾击败眼镜蛇

不过两个小时之后，它似乎起死回生，鼓腹巨蝰的毒牙竟然对它无可奈何！令人惊讶的是它起来后继续嚼食它那致命的晚餐。

除了猎食毒蛇之外，最让人不可思议的是，蜜獾竟然会去攻击"绞杀王"蟒蛇，它可

▲蟒蛇也是蜜獾的猎物

自然传奇丛书

以在半小时内吞下一条两米长的大蟒蛇。

捕鼠高手——不速之客齐蹭饭

蜜獾所捕获的 3/4 的猎物都来自地下。蜜獾装备着的一对 1.5 英寸长的爪子是挖掘觅食的主要工具，成年蜜獾可以在两三分钟之内把自己挖进洞里消失在你眼前。

▲如影随形的胡狼

卡拉哈里沙漠是啮齿动物的天堂，沙中布满它们的地洞，蜜獾会一一去闻，此时猎鹰在一旁静观其变。当蜜獾寻找地洞里的猎物时，胡狼也会在一旁观望。这是掠食者之间不寻常的关系，但蜜獾早已司空见惯。它不断闻着地洞并且向里吹气，希望能够瓮中捉鳖。当察觉到地洞里的异状后，它就开始用它的长爪向下使劲地挖，

▲蜜獾挖洞寻晚餐

不过时有逃掉的老鼠总会落入胡狼的口中。

这些专门捡便宜的不速之客，蜜獾早已习以为常，它们总是如影随形地跟着它，怎么甩都甩不掉，而且收获时常比它丰硕。

迷恋蜂糖——免费向导前带路

蜂蜜也是蜜獾最喜欢吃的食物之一。但野蜂常常把巢筑在高高的树上，蜜獾很难发现它们。它便为自己找到了一个"合作伙伴"——黑喉响蜜鴷。响蜜鴷也是蜂糖的忠实爱好者，这一对不谋而合的"伙伴"常常相互协作，共同捣毁蜂巢。

自然传奇丛书

▲蜜獾与响密鴷因蜂蜜而结缘

有研究表明，响密鴷知道方圆几百千米内的所有蜂巢的位置。目光敏锐的响密鴷发现了树上的蜂巢后，便去寻找蜜獾。响密鴷和蜜獾之间还有接头的"暗语"：报信的响密鴷会扇动翅膀，做出特殊的动作，并发出"嗒嗒"的叫声。获得信号的蜜獾便跟随在响密鴷后面，找到并摧毁蜂巢，享用蜂蜜。而响密鴷往往等在一旁，在蜂群散尽，而蜜獾又饱餐一顿后，才去享用蜂房里的蜂蜡。但目前这种奇怪的伙伴关系还有待于科学的论证。

自然传奇丛书

传宗接代——付出生命也愿意

随着雨季的到来，食物越来越丰富，而小蜜獾也越长越强壮，每天的进食量甚至比蜜獾妈妈还要多，但让它独立捕猎和生活的考验还没有到来。它每天依然紧跟在母蜜獾的后面，靠蜜獾妈妈的辛勤觅食来养活自己。

为了不让自己和小蜜獾挨饿，蜜獾妈妈几乎什么都不放过，旅鼠、小鸟、鸟蛋甚至是秋天的浆果。到食物匮乏的冬季后，蜜獾妈妈还会盯上从北极苔原回到边缘丛林的驯鹿。有时当寻找食物特别困难时，它们也会饥不择食，靠狗熊或狼群的残羹冷炙甚至腐尸充饥，因而得一别名即"贪吃的家伙"。实际上它们只不过是为了在优胜劣汰的大自然中艰难地生存下来，并让自己的种族繁衍下去而已。

在觅食的过程中，蜜獾反倒常常成为狮子和猎豹的猎物。即使是小蜜獾，对豹的气味也有反应，只要察觉到豹的气味，它们便会自动转移觅食方向。豹和其他猎食者一样，能快速检视出不健康的猎物，年老的蜜獾妈妈被它盯上了。为了保护无力抵抗的小蜜獾，蜜獾妈妈常常直接冲出来，为小蜜獾争取逃生的时间。

豹那强有力的爪子通常在几分钟内就能将猎物勒死，但它却无法稳稳抓住母蜜獾的颈部，因为蜜獾脖子上松垮的皮又厚又韧。若换成其他猎物，现在早已断气，但母蜜獾在生死关头会拼命反抗，不会轻易认输，即便最后悲惨地成为猎豹

▲蜜獾妈妈拼死抵抗猎豹

的腹中之物。它甚至会与猎豹纠缠一个小时之久，无畏无悔地用自己的生命来捍卫小蜜獾的生存权利。

小 贴 士

由于蜜獾腿短脚大，所以在厚厚的积雪上奔跑起来比腿长而蹄小的驯鹿容易得多。它们踩在雪上的压强只有驯鹿的 1/10。一旦捕到驯鹿，便会很快将它肢解，一部分当场吃掉，其余则分几个地方埋藏起来作为储备。

你知道吗

世界上最凶猛的哺乳动物是什么？答案不是老虎、狮子，而是蜜獾。

澳大利亚的科学家们首次分析了肉食哺乳动物的咬人力量。他们共统计了 39 类灭绝和幸存肉食哺乳动物的犬齿，且考虑到动物撕咬力量和其身体大小的相对关系。结果发现，毫不起眼的蜜獾竟然是现如今存活的撕咬力量最强的哺乳动物。曾经，一只 6 千克重的蜜獾杀死了一只 30 千克重的袋熊。

卡拉哈里沙漠中的幸存者——狐獴

▲可爱的狐獴

非洲南部中央高原的卡拉哈里沙漠，因极度干旱得名，是世界上最炎热的地区之一，因缺乏永久水源，红褐色的沙漠和巨大的白色盐湖几乎亘古不变，是全世界仅存的荒野之一。生命仍然在这里延续，但却屈指可数，那些在这里安家的动物，也只能被迫适应环境，否则就消失绝迹。

在这与世隔绝的沙漠中，有一幸存的种族，这些生灵在这里"安营扎寨"，安居乐业，对抗着恶劣的生存环境，它们就是狐獴。为了在这个充满威胁的世界里生存下去，狐獴演化出了独特的猎食方式。

身体构造——适应环境

狐獴是穴居动物，它用那有力的爪子在沙漠中挖掘洞穴，以躲避夜晚的严寒和白天的灼热；狐獴背部的毛皮颜色通常是浅黄棕色，非常接近卡拉哈里沙漠的色彩，有利于它们掩护自己；它们的尾巴长而有力，可以作为最便捷的三脚架，使自己直起身体四处张望时保持平衡。

狐獴的耳朵和眼睛功能尤其特殊。狐獴乖巧的脸庞上长着一对乌溜溜的眼睛，眼睛周围有一圈黑框，可以减弱来自太阳的强光。这使得狐獴在灼热的沙漠阳光下，同样能看清周围的一举一动，甚至可以直视太阳。这对防御和躲避老鹰之类的空中掠食者，有着极其重要的作用。它们新月状的小黑耳朵可以自主地开闭，挖洞时就闭合起来，避免沙子进入耳道。眼睛里也有种被称为"瞬膜"的薄膜，可以通过眨眼将沙子挤出去。

狐獴还进化出对许多毒物的免疫，这使得它们可以吃蝎子（包括尾刺）和有些蛇，而不会导致不适、中毒或死亡。

万花筒

尽管狐獴们有能力亲自挖掘洞穴（它们尖锐的爪子非常适合挖掘），但它们往往会与非洲的松鼠或黄猫鼬共享一室，有时还会与某种甲虫共用。狐獴不吃这种甲虫，而甲虫则很乐意食用狐獴留下的垃圾。

轶闻趣事——狐獴的"太阳能电池板"

这可是狐獴最令人惊叹的科学构造。沙漠的昼夜温差很大，经历了寒冷的夜晚，动物们都会感到四肢僵硬，灵活性大大下降。狐獴每天清晨一出洞穴就会面对着太阳用后脚站立起来，利用腹部的黑色区域吸收太阳的光热。它们黑色的腹部如同一个"太阳能电池"，能够快速吸收太阳的热量，让身体尽快恢复往日的灵活好出去觅食。

▲狐獴一家利用太阳光补充热量

群居生活——女王集权

狐獴无法独自生存，它们通常与自己的家族待在一起觅食、照料幼崽和保卫领地。它们的领袖都是大约七八岁光景的雌性狐獴。在狐獴家族，女王拥有绝对的权威，它不仅发号施令，管理整个家族，而且只有它才有资格与雄性交配，独揽生育大权，其他狐獴只能充当哨兵警卫和保育员。

一旦有其他母兽胆敢怀孕生产，女王不仅会杀光所有的"野孩子"，而且会赶走甚至杀掉生下幼兽的雌狐獴。

　　狐獴无论是婚恋、生育还是继承王位，都如此残暴血腥，然而这都是它们为适应艰苦危险的环境做出的无奈选择。它们必须保证最强壮的狐獴担任女王，必须保证最强壮的雄性才能与它交配，唯有产下最强壮、遗传基因最优秀的幼崽，才有可能在如此艰难危险的环境中生存下去。

小贴士

　　雄狐獴很少有温情脉脉的求偶行为，大都会拼死一搏，对女王大打出手。只有足够强壮勇猛，彻底将女王打服，才可能赢得交配的权利。一旦失手，就会被女王驱逐到家族最低级的成员行列。

外出觅食——时时警惕

▲专心放哨的狐獴

　　卡拉哈里沙漠的自然环境非常恶劣，狮子、猎豹和野狗经常出没，草丛和树冠上有虎视眈眈的毒蛇，天空中有疾驰的猛雕，对外出觅食的狐獴来说，危险有可能从各方面接踵而至。

　　狐獴大部分时间都在地面上寻找食物，但是如果它们将头埋在沙子里，就很难觉察到危险的逼近。为了防卫那些虎视眈眈的捕食者，必须有一只狐獴站岗放哨。当然如果视线被草丛挡住，即使有岗哨也不会奏效。因此为了获得最佳的视野，哨兵必须爬到尽可能高的位置上，它们并不具备特别长的爪子或其他适宜攀爬的身体构造，然而它们在树枝上却矫健异常，爬上周围可以做瞭望塔的最高点也都不在话下。

一旦有天敌或其他危险情况出现，担当哨兵的狐獴便发出特殊的叫声来提醒所有同伴，就跟鸣笛示警的道理一样。这是套很有效的预警系统。一份研究报告指出，狐獴哨兵能够发现 150 米以外的天敌，成功率在 77% 左右，而正在觅食的狐獴只有 44% 的概率发现敌人。

你知道吗?

狐獴躲避危险的方式不止一种，其中包括躲进洞里、阻挡袭击者并掩护幼崽、挺直身体恐吓敌人或是一拥而上。聚拢起来的狐獴们通常会前后摆动，并发出嘶吼声以吓阻敌人。不过倘若遇到雄鹰这样从天而降的猎食者，狐獴们多半会直接钻入洞中以保证安全。

师生教学——别开生面

女王只负责生育和喂奶，抚育幼崽的任务全部落到家族的其他成员身上。从幼崽刚刚睁眼，到它们可以独自觅食，需要长达数月的时间，"保姆"都会给予尽职尽责的照顾，不仅精心照料，还负责传授生存本领，直到它们足够强壮时，才会离开，小狐獴便随族群集体活动。

狐獴的天敌是老鹰，一旦哨兵发现天空有老鹰，就会发出警告，所有的狐獴就会快速躲入洞穴。如果小狐獴动作稍慢，或是没有注意哨兵警示，落单的小狐獴就会被老鹰捕食，完全没有第二次的机会。所以小狐獴离开洞穴要学的第一课就是"安全第一"。

▲成年狐獴照顾和培养小狐獴

狐獴在捕食方面的"教学"着实高明。成年狐獴将蝎子捕到后，会在小狐獴面前将蝎子的毒针拔掉，然后扔在地上让它们捕捉，这样小狐獴既不用承受被蜇的危险，又可以学习捕捉的本领。当小狐獴再长大一些，有经验的狐獴会将蜥蜴之类的猎物折腾一番，削弱战斗力之后，交给小家伙练习捕捉。直到小狐獴的捕食技术接近成熟，才会被带到完好无损的活猎物面前亲自实践。

　　成年狐獴为了让小狐獴不受到天敌和猎物的伤害，为它们设计了这套循序渐进的生存课程，这使得狐獴家族在恶劣的沙漠环境中不会有灭种的危险，也使得人们更加喜爱这种动物，因为它们无疑是最具智慧和爱心的一种动物。

轻松一刻——狐獴家族

　　有一部谱写生命壮歌的纪录片。科洛，一只家族新出世的小成员。它的家族在动物王国里并不强大，猎鹰、毒蛇以及其他大型动物时刻威胁着它们的生命。它们只有通力合作，才能在残酷的世界中生存下来。科洛从最初的懵懂无知，最终成长为家族中不可或缺的重要成员。

▲电影海报

马达加斯加岛上的天生杀手——指猴

在一亿五千多万年前，马达加斯加岛从非洲大陆分裂出来，许多非洲动物从岛上消失了。厌恶真空的大自然于是用别的动物代替缺失的物种，而狐猴填补了曾被猴子们占领的生态环境，指猴就是狐猴中的一种。

指猴是马达加斯加岛上的天生杀手。这种树栖动物身形灵活，很难捕捉，没有了猫科和犬科动物，它们当然要欢欣鼓舞。接下来让我们一起走进马达加斯加的丛林，看树间跳跃的指猴如何猎食……

广角镜

指猴档案

指猴是分布在马达加斯加岛上的原猴类，和树鼩有很近的亲缘关系。它的最大特点是中指细长，如铁丝一样，名字也因此而来。

指猴栖息在热带雨林的大树枝或树干上，在树洞或树杈上筑球形巢。白天在巢穴里睡觉，黄昏前后单独或成对出来觅食。

外形——惊世骇俗

对指猴不太熟悉的人可能会以为它们体型很小，能趴在人的手指上，其实指猴有猫那么大，加上尾巴全长可达 1 米，重达 2 千克。

从外形上看，指猴酷似一只小狐狸，它体黑面灰，一对黑色耳朵大而善动，嘴巴尖翘如鼠，牙齿暴突，两只圆圆的眼睛在黑夜之中发出幽幽的绿光，它如鬼怪般蹦跳前行，加上"唉唉"的，犹如孩童啼哭般的叫

▲指猴奇特的外形

自然传奇丛书

声，让人不寒而栗。

　　因为指猴尾毛粗密，当它在树间跳跃觅食时，像极了松鼠。它还曾被命名为"马达加斯加松鼠"。

手指——万能钥匙

▲指猴无往而不胜的"万能手指"

自然传奇丛书

　　每当夜幕降临，马达加斯加岛上的森林中便会传出神秘的叩击声，令人不寒而栗。马达加斯加岛上并没有啄木鸟，这声音究竟来自哪里？

　　如果你顺着声音寻过去，便会发现这声音正是来自指猴，它正在用它那最细的手指不停地敲击树干。如果不了解指猴的食性，你肯定会问：这只小东西在忙什么呢？指猴其实是在为准备它的晚餐而努力寻觅幼虫。在马达加斯加岛上，它代替啄木鸟成了"树木的医生"。

　　指猴的手形非常特殊。与其他灵长目动物相似，它们的拇指形状相对，但是拇指与其他手指同样又长又细，中指的长度可能达到其他手指的三倍。觅食时它主要用这根最长的手指抠树干中的虫卵，掏椰壳中的果肉，钻取蛋壳喝蛋清。

　　对指猴来说，夜间在丛林

中捕食不成问题，因为它的眼睛能看清黑暗中的物体，它的耳朵能听到最轻微的声响，它的利齿能刺穿坚硬的木头。同时，它的自卫能力远远超过其他猴类。当遭到侵犯时，它会激烈争斗，毫不妥协，甚至能发出一种类似金属刮玻璃的噪音以吓退敌人。

小资料——指猴的"万能钥匙"

难道指猴仅仅凭借敲击树干就能发现幼虫吗？其实这里面大有学问。指猴敲击树干的中指远比其他手指瘦弱、纤细，每当需要破解、进入猎物的巢穴，这根手指就变成了"万能钥匙"。

指猴用手指敲击树干，探察是否存在中空的部位，是否有物体在其中移动。观看慢动作时，可以发现敲击的秘密。每次敲打之后，这根手指的指甲轻轻地滑过树干的表面，科学家认为指猴在探测微小的振动。指猴之所以这么做，是因为它手指十分纤细，能够发生谐振现象，能详细探测树干内部的状况。

指猴的耳朵较大，极为灵活，可以捕捉细小的声响，辅助手指处传来的微弱信号。蛴螬等幼虫听到敲击声，开始移

▲指猴边敲击边侧耳倾听

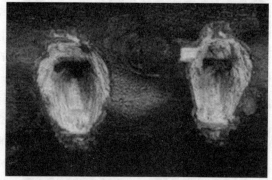

▲指猴取食后留下的标记

动身体，这为指猴提供了更多的线索。它先用门牙咬开树皮，原先用于切削的指甲，现在变成铁钩，借助万能钥匙的帮助，指猴打开了蛴螬的保险箱。

自然传奇丛书

轶闻趣事——指猴的"诅咒"

指猴在马达加斯加是一种极为特殊的动物，它替代啄木鸟在马达加斯加担当着森林卫士的重任。但当地人却普遍认为：指猴是死亡的象征，是恶魔的使者。

传说只要某个村庄出现指猴，必然会有人死亡，因为指猴会在深夜迁入村民家中，用锋利的中指割开受害者的喉咙。当地人认为：遏制这种灾难的唯一方法，就是遇到指猴便立即将它杀死，还得把它的尸体钉在十字路口的木桩上，以期从这里经过的路人会把霉运带走。这也是目前指猴濒临灭绝的重要原因。

有意思的是，同样在马达加斯加，一小部分的土著部落却相信，指猴是幸运的使者，是一种神圣的动物。

自然传奇丛书

自然传奇丛书

非洲大陆最成功的掠食者——斑鬣狗

一望无际的非洲草原上生活着数量众多的飞禽走兽,其中不乏凶残成性的食肉猛兽。狮子身体强壮,动作迅猛,力大无比;猎豹身姿矫捷,速度惊人;而鬣狗总是鬼鬼祟祟地出没,扮演着非洲草原上的反面角色。

从表面上看,和竞争对手比起来,斑鬣狗好像并不处于优势地位,它给人印象最深刻的恐怕就是那尖利的狞笑声了。但令人费解的是,斑鬣狗却奇迹般地在这个残酷的世界里生存了下来,且不断繁衍壮大,成为非洲草原上最成功的掠食者之一。它到底拥有什么样的生存妙计和捕食良方呢?

 广 角 镜

斑鬣狗档案

斑鬣狗属猫亚目鬣狗科,它们在外形上虽然像犬科动物,但在血缘关系上却更接近猫科动物,因身上长满斑点而得名。斑鬣狗能够发出低沉及像鸟的吠声和很像人的笑声,是撒哈拉以南非洲最普遍的掠食者,栖息在非洲的大草原。

广泛的"食谱"

猛兽击败并噬食了长颈鹿、斑马、羚羊之后,继续行进,等候在一旁的鬣狗们就一拥而上,嚼食那余下的尸体。这些一再上演的情景似乎从一个侧面印证了某些动物学家的看法:斑鬣狗是一种食腐动物。

其实,斑鬣狗并非单纯的食腐动物,它们的"食谱"非常广泛。除了负责清理草原上的腐肉之外,还是个经验丰富的猎食者,它们的大部分食

▲斑鬣狗

物都是来自活的猎物。成群的它们甚至可以捕食斑马、角马和斑羚等大中型草食动物，是非洲除了狮子以外最强大的肉食性动物群体，也是非洲唯一能对抗狮群的群体。斑鬣狗亦会猎杀其他动物，包括鸟类、鱼类、龟、黑犀、河马、象、穿山甲、蟒蛇、胡狼、家畜及人类。

斑鬣狗的胃口极佳，它的犬齿、裂齿发达，咬力强，甚至能够嚼食骨头，这可是其他哺乳动物望尘莫及的能力。此外，它的进食和消化能力极强，拉出的粪便像石灰块，对食物的利用十分彻底。这是它们在与狮子等大型食肉动物争夺食物的斗争中长期进化的结果。

另外，在缺乏食物的时候，斑鬣狗还会食用动物的干尸。试问在茫茫草原中有哪些捕食者能做到这样"能屈能伸"呢？难怪斑鬣狗得以在这个残酷的食肉世界中生存繁衍下来。

小贴士

斑鬣狗吃猎物的时候争先恐后，但却是以吃的速度来竞争而非打斗。一群斑鬣狗只需半小时左右就能完全吃掉一头斑马。一只斑鬣狗每次可以吃14.5千克的肉，差不多是它们体重的1/3。

小资料——斑鬣狗与狮子的竞争

狮子与斑鬣狗都是顶级掠食者，两者之间的竞争不可避免，它们常常会互相斗争或偷走对方的猎物。

在坦桑尼亚的恩戈罗自然保护区，斑鬣狗的数量远远超出狮子的数量，所以很多时候是狮子偷走斑鬣狗的猎物，而非像一般人所想的斑鬣狗偷走狮子的猎物。

斑鬣狗最著名的特征就是狞笑，那是它们在围捕猎物。但是，这种狞笑声并不利于捕食，它往往会把狮子引来。这时斑鬣狗"咯咯"的声音可不再是笑声，而是受到挫败后发出的声音。

▲斑鬣狗只能在公狮周围打转

实验探究——斑鬣狗是"投机分子"吗？

为了弄清斑鬣狗是不是专捡别人食物的"投机分子"，科学家做了一个试验：将斑鬣狗和狮子的叫声分别录下来，将扬声器放置在一群正在争食的斑鬣狗身旁播放，然后静观斑鬣狗对声音所做出的反应。结果，鬣狗对狮子的吼声根本不感兴趣。相反，当播放斑鬣狗的叫声时，几头狮子循声而来，当它们看见斑鬣狗正在争吃一只羚羊时，就跑过去将斑鬣狗赶跑，夺走了它们口中的食物。此时斑鬣狗们只能退缩一旁，垂涎欲滴地看着狮子们享受美餐。

优异的团队精神

非洲草原上的鬣狗数量众多，一个群体大到上百只，小到十几只，每群的首领是一个体格健壮的雌性。斑鬣狗在围捕猎物时常常显示出它们优异的团队精神，它们能根据不同的狩猎对象采取不同的狩猎战术。

在围捕角马群时，斑鬣狗先以扇形队伍从下风处悄悄接近角马群，以免角马群嗅到它们的气味，然后突然冲进角马群。在斑鬣狗的冲击下，角马群惊慌失措，四散而逃，这时斑鬣狗会设法将小角马与母角马分开，并注意观察那些行动迟缓或患病的角马，然后瞄准一只群起而攻之，同时撕咬猎物的脖颈、肚子、四肢及全身各处。

▲命运悲惨的角马

▲葬身斑鬣狗腹中的斑马

当围捕斑马群时，参与捕猎的斑鬣狗常在 10 只以上。斑鬣狗之所以要如此"兴师动众"，是因为雄斑马对母斑马和幼年斑马的保护非常周密，甚至会以命相搏，使斑鬣狗很难寻找突破点。此时，斑鬣狗会改变战术，它不再直接冲进斑马群，而是装作不经意地散开，然后缓缓地走进斑马群，以一副伪善的面孔来回穿行。等待机会出现的斑鬣狗极有耐心，它们会长时间地在斑马群中游荡，一旦发现哪只斑马落单，它们就会突然向其发起致命一击。

轶闻趣事——斑鬣狗齐心协力共享美味

关于斑鬣狗的团队合作捕食，在东非草原上流传着这样一个有趣的故事：一个猎人将一块斑马肉吊在门前的树上，准备在第二天狩猎时作为诱饵使用。一群斑鬣狗看见后，围着这块肉打转，一只斑鬣狗突然跃起，一下子咬住这块肉，身子悬在半空中无法下来，另一只斑鬣狗跳起来咬住同伴的腿，也挂在半空中，其他的斑鬣狗如法炮制，一个接一个地咬住上面同伴的腿串成一串，最终将这块肉扯落到地上，变成它们的口中餐。

独当一面也威风

虽然斑鬣狗一般都是成群结队地进行猎食，但一只斑鬣狗其实就足以杀死成年的雄性角马。斑鬣狗的猎物中有 75％ 都是独自猎杀的。斑鬣狗不仅知道在一个大的团体中共同合作的重要性，还知道单独捕食对它们自身的生存来说通常是起关键性作用的。

斑鬣狗生活在社会性团体中，它们会全力保护自己的族群，合力抵抗天敌狮子，以保卫得来的食物。如果它们集体行动，捕捉猎物也更容易些。但是，合作的同时也带来了更多的竞争对手。一旦捕杀行动得手，之前的同盟者就变成了竞争者。所以，斑鬣狗要为合作捕食付出代价，特别是那些在族群中地位较低的个体。正是因为竞争代价的存在，斑鬣狗保留了它们独自捕猎的能力。

▲斑鬣狗独自出动捕食火烈鸟的过程

黑暗中的杀手——鼹鼠

▲鼹鼠

相信大家对鼹鼠这个可爱又迷糊的小动物应该很熟悉，因为它总是以各种形象出现在荧屏或游戏当中，为我们留下了很多快乐和美好的回忆。

鼹鼠有的生活在潮湿的洞穴中，有的则在树上栖居；有的生活在干旱的沙漠中，有的则可以潜入水底。你想知道生活在截然不同环境中的鼹鼠是依靠什么样的捕食技巧而生存下来的吗？

鼹鼠成年后，眼睛深陷在皮肤下面，视力完全退化，再加上经常不见天日，很不习惯阳光照射，一旦长时间接触阳光，中枢神经就会混乱，导致各器官功能失调，以至于死亡。然而，鼹鼠的听觉和嗅觉非常灵敏，对震动也十分敏感。它能够感觉到前来入侵的敌人在地面上的走动，或者一米外一条蚯蚓的蠕动。

万花筒

对于任何在泥土下的洞穴中活动的哺乳动物来说，如何获得氧气都是一个挑战。而鼹鼠经过进化，其血液中的血红蛋白都能够非常有效地攫取氧气，从而轻松地呼吸。

自然传奇丛书

鼹科明星——星鼻鼹

鼹科有一个知名度很高的成员——星鼻鼹，它之所以出名全仗着那举世无双的鼻子。有人觉得这种动物的鼻子更像一颗星星，因此又形象地称它们为"星鼻鼹"。星鼻鼹常年生活在地下，它们的眼睛、耳朵小得几乎看不到，功能也退化得几乎不起作用了，只有牙齿还非常锐利。那么，生活在黑暗、潮湿的地下世界中的星鼻鼹是如何觅食的呢？

敏锐的"触手"

星鼻鼹的鼻子特化出 11 对"触须"，之所以称为"触须"是因为它的鼻子并不是嗅觉器官，而是一个无比敏感的触觉器官，在生物学上叫作"星状附器"。在捕食一些小型猎物时，星鼻鼹从利用星状附器探触再到捕食猎物，整个过程只需要花费 0.2 秒到 1 秒的时间。

原来，在星鼻鼹的每个"触手"上覆盖着几千个细小颗粒，科学家们称之为艾莫尔器官。一个个艾莫尔器官在表皮下以蜂巢状排列，表面布满毛细血管和神经末梢。虽然这个星状附器不到 2 厘米宽，但它却有 10 万个以上的表面神经末梢，一次可以探查 600 块针尖大小区域。中间的"触手"尤其灵敏，能发现身长小于半厘米的生物。与之相比，人类的手掌上只有

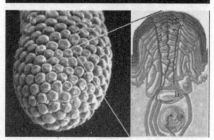

▲星鼻鼹的鼻子上放大后的艾莫尔器官

自然传奇丛书

大约 1.7 万个神经末梢。想象一下，如果将 6 只手掌的触觉感受器集中到一个指尖上，其敏感性将是多么惊人。

这种小型的鼹鼠正是通过这些敏感的"触手"反复地触探地面，分辨周围环境和物体的差别，从而在全黑的环境中迅速、准确地找到猎物。据研究，星鼻鼹通过"触手"搜寻食物的能力比其他鼹鼠依靠视觉或嗅觉捕食的能力大数倍！

水下"间谍"

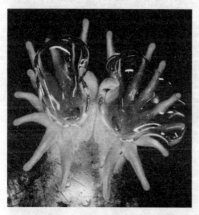

▲星鼻鼹在水中吹气泡

在吉尼斯世界纪录中，星鼻鼹是吃东西最快的动物，平均能在 227 毫秒内发现、确认并吞下食物。现在科学家又宣布，这种有一个粉红色花状鼻子的小动物，还是首个被发现能在水下运用嗅觉来追踪猎物的哺乳动物。

一些水生生物如龙虾在水下是有嗅觉的，那么，哺乳动物在水下有没有嗅觉呢？过去大多数科学家认为没有，但美国研究人员运用高速摄像装置研究星鼻鼹的水下捕食行为，发现它们不断地从鼻孔中吐出气泡，然后又迅速吸回去，频率大约为每秒 10 次，这与水鼩鼱在水中追踪猎物时的行为非常相像。

星鼻鼹利用如此巧妙的方式来探测水下猎物的方位，怪不得用它来代替"间谍"的称呼，所以如果你听说某国家情报局安全部抓到一只"鼹鼠"，可不要真以为他们是抓到了一只打洞的小老鼠哟！

实验探究——星鼻鼹明智的"选择"

为了验证星鼻鼹在水下是否有嗅觉能力，研究人员在水下设置了一个有两条路径的装置，其中有一条路径中留有蚯蚓（星鼻鼹的食物）的气味，然后让星鼻鼹进入装置。结果发现，星鼻鼹选择有蚯蚓气味路径的概率达到 75%～100%。

自然传奇丛书

见风使"舵"——沙漠鼹鼠

生活在沙漠中的鼹鼠外形小巧玲珑，可爱十足。它们的身体构造完全符合地下生活的需要，漂亮光滑的皮毛，强壮得像铲子一样的鼻子，耳朵和眼睛隐藏在光滑的皮肤下面。它们的食物主要是沙漠昆虫类，如白蚁、蚂蚁、蜘蛛等。那么视力严重退化的鼹鼠在沙漠中是如何觅食生存的呢？

▲沙漠鼹鼠突袭成功

鼹鼠在夜间外出活动的时候，会把耳朵伸到沙子的下面，聆听风吹过草丛的声音，它们为什么要这么做呢？其实它们正是依靠这种声音来找到自己的家和寻找猎物的。在夜间的沙漠上，研究者观察到它们走走停停，从一个草丛前往另一个草丛，你可能会问，为什么离不开草丛呢？这是因为那里有鼹鼠最喜爱的食物之一——白蚁。草丛就像是童话里指路的豌豆一样，引导着鼹鼠去寻找食物。

沙漠鼹鼠接近狩猎区的方式很特别，它们会在沙里"游泳"。当它们前行时，头、爪和身体都作为挖掘的工具，然而这些隧道不能持久，因为沙子是松软的，因此它们潜行过的沙地上总会留下明显的印记。与其说它们在挖洞前行，不如说是在沙子里"游泳"。当接近猎物时，它们会从沙子下发动猛攻，有时连壁虎、蜈蚣都会成了它们丰盛的"晚餐"。

实验探究——沙漠鼹鼠是否真的见风使"舵"?

　　要了解这一点，需要一个工具，不过这个工具是向地下传播声音。我们可以利用它把风吹过草丛的声音传播出去，看是否会把鼹鼠吸引过来。实验证明，鼹鼠在附近逗留片刻后，总是会在这个声音的"诱惑"和"指点"下自投罗网。

天生无毛——裸鼹鼠

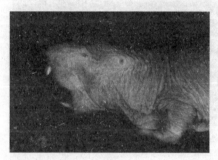

▲裸鼹鼠用大门牙挖洞

　　裸鼹鼠居住在东非中部狭窄黑暗、常年缺少氧气的地下洞穴中。它们的视力同样严重退化，靠敏感的触觉辨别方向。它全身无毛且布满褶皱，皮肤呈粉色或黄色，位于嘴唇前面的牙齿大且突出，这是它们挖洞的主要工具，并且可以防止泥土进入口中。

"女王"集权

▲鼠后依偎在工鼠身上休息

　　裸鼹鼠是群居性哺乳动物的杰出代表，它们和蚂蚁、蜜蜂以及白蚁一样过着有明确分工和组织的群居生活，群体的数量可多达 100 只。裸鼹鼠的这种社会结构在脊椎动物中可以说是绝无仅有。

　　它们在地下掘成复杂的隧道，中央宽阔处是它们的居室。每群裸鼹鼠中有一只鼠后和几只雄鼠，其余无论雌雄均为工鼠。工鼠可能受鼠后尿中外激素的抑制而失去了生殖能力，它们的任务是采集食物（树根、菜根等），挖掘隧道，天冷时紧靠在一起为鼠后取暖等。

自然传奇丛书

你知道吗?

　　在干燥炎热的非洲，裸鼹鼠主要靠块茎类植物为食，因为植物块茎中储存着大量的水分和养分。有的块茎的重量可达裸鼹鼠体重的上千倍，这样的块茎足够一窝裸鼹鼠维持一年的生活。

　　然而，若是裸鼹鼠独自生活，则觅食的成功率会大大降低，因为挖地道不但会消耗很多能量，而且只有在土壤比较潮湿时才适宜进行。在如此严酷的条件下，裸鼹鼠要想生存下来，必须组织起来，分头去找食物，以增加寻找到食物的机会。

　　成群裸鼹鼠分头去找相对稀缺的食物，肯定是成员数量越多，找到食物的

▲裸鼹鼠以树根和块茎为食

概率越大，而个体所能分配到的食物会越少。因此，裸鼹鼠的体型必须变小以适应这种群体生活。一窝裸鼹鼠平均有七八十只，有时多达 300 只，但是每只工鼠的体重大约只有 30 克。

　　敏锐触觉

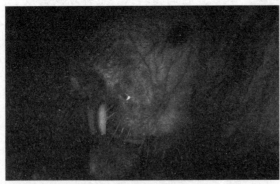

▲裸鼹鼠的敏感触须

　　裸鼹鼠其实并非全裸。在它的身体两侧，长着约 40 根长短不一的触须，它的功能类似于猫的胡须，都是通过接触感知周围物体。

　　裸鼹鼠平常都是在黑暗的地穴环境中活动，而主要依靠这些触须来指导

自然传奇丛书

各项活动。派不上用场的眼睛高度退化，大脑皮层中的视觉中枢面积也大大减小，而被感受触觉的区域所替代。裸鼹鼠在前进时，会摆动头部，而后退时，则摆动尾巴，都是为了使触须触碰到洞壁，和我们在黑暗的地道中用手摸索着墙壁行走相似。

冷血动物

裸鼹鼠属冷血动物，这在哺乳动物当中十分罕见。为了减少外界温度变化对生理活动的影响，哺乳动物的体温可以保持恒定，绝大多数都是恒温动物。但是，裸鼹鼠却和两栖爬行类这些冷血动物一样，依靠环境温度的变化来改变体温：感到寒冷时，就跑到靠近地面的洞穴，紧贴被太阳晒热的墙壁；天气炎热时，就躲到阴冷的底层洞穴。它们有时也通过成员扎堆挤在一起取暖。为此，它们的皮肤裸露无毛，因为不再需要皮毛来调节体温。

小资料——裸鼹鼠是罕见的冷血哺乳动物

拥有恒定体温的哺乳动物在猎食方面具有明显的优势：它们的猎食等活动不再受到外界温度变化的限制。不过，裸鼹鼠常年生活在地下，和天气多变的地面相比，地下冬暖夏凉，温度变化不大，也就没有必要消耗能量来保持恒定的体温了。此外，由于物体体积越小，相对表面积越大，因此，裸鼹鼠比其他哺乳动物更容易散失热量，要保持恒定的体温也就更加困难。裸鼹鼠的基础代谢率是所有哺乳动物中最低的，与爬行动物的相当，这也有利于它们在恶劣的环境条件下存活下来。

轶闻趣事——裸鼹鼠对酸痛刺激无反应

研究发现，裸鼹鼠对酸和辣引起的酸痛和灼痛感毫无反应。其他被试验过的动物，如鱼类、蛙类、爬行类、鸟类及其他哺乳类，几乎都对酸痛有反应。

据分析，裸鼹鼠的抗痛"秘密"可能与它的生活环境有关。它常年在空气流通性差的地下洞穴中活动，呼出的二氧化碳积聚其中，高浓度的二氧化碳逐渐渗入裸鼹鼠体内，使它们组织的酸性增大。变"酸"的裸鼹鼠对酸痛的敏感度自然也就下降了。

自然传奇丛书

研究人员称，所有脊椎动物的痛觉系统"构造极其相似"，因此对裸鼹鼠抗痛"秘密"的进一步研究，有助于研制新型止痛药物，帮助人们缓解慢性疼痛。

小 贴 士

通常，人们呼吸的空气中二氧化碳浓度不足 0.1%，一旦这个比例上升至 5%，人们的眼睛和鼻子就会产生强烈的灼烧刺痛感。不可思议的是，裸鼹鼠在二氧化碳浓度高达 10% 的环境中竟然安然无恙。

两栖爬行类的猎食探秘

从鱼类到两栖类，再到爬行类，一个渐变的进化过程，生命从水中走向了陆地。

两栖动物源于鱼类，它们成功地登上了陆地，却又离不开曾经养育它们的水世界。为了适应双重的生活环境，它们拥有独特的"救生衣"：许多两栖动物拥有可以呼吸和变色的皮肤，有的身上还长了毒腺。

爬行动物是一支从两栖动物中分化出来的类群，它们进化出了被覆鳞片的皮肤和有防水作用的卵壳，这使得它们能离开水面，适应干燥的陆地环境。

这些冷血杀手是第一批摆脱对水的依赖去征服陆地的动物。它们在这个陌生的地盘上追捕、逃亡和杀戮，一场场为生存而展开的战斗在每一个角落上演……

两栖动物的"巨无霸"——大鲵

在我国长江、黄河及珠江中、下游的山川溪流中，生活着世界上最大的两栖动物——大鲵。大家对大鲵可能会有点陌生，但一提到它的另一个名字——娃娃鱼，相信无人不识。不过你可不要被它的名字所迷惑，它可不是鱼类。它的外形类似蜥蜴，但是相比之下更扁平肥壮。

大鲵是生性凶猛的肉食性动物，虽然它不善追捕，但是上帝在关闭了一扇门的同时，也为它留下了一扇窗。那么，大鲵是依赖什么样的捕食绝技生存至今的呢？

▲大鲵

娃娃鱼坐滩口，喜吃自来食

▲在石缝间活动的大鲵

大鲵将"守株待兔"这招运用得炉火纯青。大鲵的捕食主要在夜间进行，它常隐蔽在滩口乱石间，发现食物经过时，即张开大口，进行突然袭击。它口中的牙齿又尖又密，猎物入口后很难逃掉。但它的牙齿却只能起到挟持猎物的作用，而不擅长咀嚼。其实动物进食时很少像我们人类细嚼慢咽，大鲵对待猎物常常是"囫囵吞枣"，然后在胃中慢慢消化，整个过

自然传奇丛书

程一点都不"温柔"。

大鲵的"胃口"极佳，水生的昆虫、鱼、蟹、虾、蛙、蛇、鳖、鼠和鸟类等都曾登上过它的"餐桌"。

靠 天 取 食

大鲵在水中游动时轻盈自如，敏捷灵活。一旦爬上陆地，它就行动笨拙。出人意料的是，大鲵竟能捕食空中的飞鸟，这是怎么回事呢？

原来，大鲵利用久旱不

▲上树捕食的大鲵

雨的天气，先在溪水中喝饱，然后爬到鸟类经常停栖的树枝上，头向上，张开大嘴，将肚子里的水沤到口中。它可以一连坚持几小时不动，引诱粗心的鸟儿前来饮用。当鸟儿上钩后，聪明的大鲵将水慢慢地咽下，鸟儿不知不觉将头伸到了大鲵的口中吸水，大鲵抓住机会，一下子咬住鸟头，开始享受送上门来的佳肴。

小 贴 士

由于新陈代谢缓慢，大鲵两三年不进食也不会饿死。冬季深居于洞穴或深水中的大石块下冬眠，一般长达 6 个月。但是，它也会暴饮暴食，饱餐一顿可增加体重的 1/5。

你知道吗？

　　大鲵遇到敌害除了躲避之外，还有三策：正面交锋时，其锋利的牙齿、强健的咬肌、粗壮的四肢及有力的尾巴并用，进行自卫；当仍不能脱身时，它便反胃，用胃囊内的臭鱼虾喷吓"敌人"；若被"敌人"一口咬住不能脱身时，它们便使出杀手锏——从毛孔中分泌出黏稠的白色毒汁，迫使"敌人"就范。

自然传奇丛书

以静制动者——蛙类

▲ "静观其变"的树蛙

惊蛰的春雷刚刚掠过乡间的池塘，久违了的蛙鸣声便开始在田野中唱响。对于深居都市的人们来说，这仅仅是一种对于青蛙的美好记忆。那么，一个更加鲜为人知的蛙类世界又是什么样子呢？它们有什么捕食奥秘呢？

弹簧舌——又快又准

蛙类前端分叉的舌头又长又宽，舌面上分泌的黏滑液体可以粘住昆虫。不可思议的是，它的舌根不像其他动物那样长在口腔的喉部，而是长在下颌的前面，舌尖翻向咽喉。

▲ 烟蛙捕蛇

青蛙最远能捕捉离它 20 厘米高、50 厘米远的昆虫。捕虫时，蛙的舌头像弹簧一样向外一翻，灵敏地粘住昆虫后便迅速弹回，昆虫瞬间就成了蛙的腹中美餐，整个过程大约 0.15 秒，肉眼几乎无法看清楚。

虽然蛙类那又快又准的长舌令昆虫闻风丧胆，但它们遇到食物链中的"上级领导"——蛇的时候往往也是不战而逃，或葬身蛇腹中。

小 贴 士

据统计，一只黑斑蛙每天大约要捕食 70 多只昆虫，按一年生存 7 个月计算，可消灭 1.5 万只害虫。一只泽蛙一天最多可捕虫 260 多只，一年可消灭害虫 5 万多只。

轶闻趣事——蛙和蛇的较量

有一种活跃在南美洲中部巴拿马森林里的蛙类，虽然体型不大，但凶猛异常，当地居民称之为烟蛙。烟蛙对昆虫缺乏兴趣，反而多以蛇为主要捕食对象。多数蛙类以绚丽的肤色警戒敌手、保护自己，然而烟蛙变化多端的肤色还可

▲烟蛙捕蛇

自然传奇丛书

以将蛇迷惑得眼花缭乱。此外，烟蛙还将蛇惯用的绞杀方式巧妙地运用到它和蛇的厮杀中，它前胸两块呈乳头状的坚硬肌肉能像钳子一样将蛇牢牢夹住，直到蛇窒息而亡。这真是一个"以牙还牙"的精彩范例。

此外，烟蛙主要以森林等陆地环境作为生存场所，它的前掌足趾间没有膜，有利于在地面上更迅速地移动和捕食。

大眼睛——视野开阔

▲林蛙紧盯着飞虫，等候捕食的机会

蛙类大而突出的眼睛是它捕食时必不可少的感官。平日里，蛙类常常一声不响地趴在池塘、草丛或浅洼中，鼓着一对大眼睛，静静地注视着周围的情况，绝不放过视野范围内的任何猎物。那么，蛙的眼睛有什么独特之处呢？

蛙的眼睛位于头顶两侧，视野极为开阔，即使是身后的物体也能看到。但蛙类只能看到物体的轮廓，所以它们只能捕捉活动的猎物。同时，在蛙类眼球内部的视网膜上，除了专门感觉颜色的锥状细胞外，还有特殊的绿色杆状细胞，用来加强感光能力，保证蛙类在夜间活动时也能满载而归。

此外，蛙的眼睛同口腔间只隔着一层薄膜，眼眶底部也没有硬骨。这样，蛙类在吞咽食物的时候，还可以靠闭眼使眼球陷入眼眶底部，向下推压口腔顶壁，从而很快把食物咽下去，然后继续捕食。

万花筒

虎纹蛙与一般蛙类不同，它不仅能捕食活动的食物，而且可以直接发现和摄取静止的食物，如死鱼、死螺等有泥腥味的水生生物的尸体。它对静止食物的选择不仅仅凭借视觉，还会凭借嗅觉和味觉。

小资料——机智勇敢的石蛙

在幽深的山溪里生活着一种性情谨慎、嗅觉灵敏、以鱼虾为食的石蛙。石蛙喜欢在烈日暴晒的"大暑"期间，爬跳到溪边的石头、草丛或灌木丛中鬼头鬼脑地摊开四肢仰卧在上，任凭烈日的暴晒，如死蛙一般不声不响。

在林中飞来飞去的小鸟，会将石蛙白色胸膜上的黑刺误以为是一些小虫子，便落下来啄食。当小鸟刚一踏上石蛙的肚皮，就会被它的四肢抱住并且箍紧。接着，石蛙翻

▲石蛙

身滚入水中，快速钻入水底的石缝中，小鸟还没弄清是怎么回事，就糊里糊涂地成了石蛙的美食。

蛙蛇之战并不总是蛇类占上风，并且烟蛙并非是唯一擅长捕蛇的蛙类。凡有石蛙出没的地方就一定有五步蛇的踪影。五步蛇属于剧毒蛇，被它咬上一口，不出五步就会丧命。然而石蛙有天生的斗蛇本领：肥壮的身体和强健的四肢。当一条蛇快靠近自己时，石蛙先快速跳进水里，然后再次跳上溪水边的石头，这样周而复始，利用疲劳战术累得蛇筋疲力尽。待蛇趴在地上喘息时，勇敢的石蛙扑过去用两只粗壮的前肢死死地箍住蛇的七寸处（即蛇的心脏所在之处），并吸气鼓肚压迫蛇的心脏，同时用头顶着蛇的下颌，不让蛇咬住自己。此时，蛇只得在地上翻滚挣扎，最后气绝身亡。

万花筒

石蛙还能协同作战，如果一只石蛙已卡住了一条蛇，附近的石蛙见了，都会跳过来，伸出粗壮的前肢把蛇紧紧抱住，直到箍死毒蛇为止。

自然传奇丛书

花皮肤——毒行天下

　　箭毒蛙身披五彩斑斓的外衣，通常是黑色的斑纹中夹杂着红、黄、绿、蓝等色彩，是蛙类中当之无愧的选美皇后和国王。它们的个体很小，最小的仅1.5厘米，只有少数可以长达6厘米。它们主要是以残翅果蝇、蚂蚁和蟋蟀等为食，惬意地生活在美洲的热带雨林里。

▲皮肤鲜艳的箭毒蛙

　　多数蛙类以巧妙的隐蔽色避天敌，而箭毒蛙则以它们绚丽的皮肤警戒敌手，令食肉动物望而却步，从而避免杀身之祸。原来在箭毒蛙的皮肤上分布有许多毒腺，其分泌的毒液对食肉动物来说可能是致命的。于是，警戒色和毒腺成了吓退食肉动物的利器，使得箭毒蛙整个家族存活至今。

　　偶尔，箭毒蛙会猎食蜘蛛等具有毒性的生物，它们的毒液会被箭毒蛙吸收转化为自身的毒液。

大嘴巴——囫囵吞枣

青蛙没有牙齿，只可以"囫囵吞枣"，把食物整个吞下肚去，然后通过腐蚀力极强的胃液慢慢消化。

外形"憨厚"的南美五趾巨蛙擅长捕食各种小型猎物，是南美丛林中货真价实的"刽子手"。啮齿动物、鸟类、蜥蜴、蝙蝠，甚至蛇，都可能被它完整地吞入腹中。

▲巨蛙

身披保护色的巨蛙常静静地趴在草丛中，当毫不知情的小动物经过时，它会猛地一跃，张开大口，迅速含住猎物的脑袋，并以强壮的四肢牢牢钳制住猎物，直至猎物窒息身亡。一位丛林考察员曾亲眼看见巨蛙吞下一米多长游蛇的情景。当蛇头被巨蛙腐蚀力极强的胃液初步消化时，尾部还像旗杆般高竖在蛙口中。在巨蛙的胃渐渐排空后，它再咽下另一段蛇身。为了消化一条蛇，巨蛙有时得花整整两天的时间。

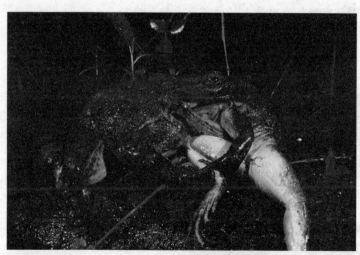

▲巨蛙吞噬同类

自然传奇丛书

印度尼西亚的史前怪兽——科摩多巨蜥

雄霸一时的恐龙在历史舞台上神秘地消失了，使人们再也无法见证它们的威猛。然而，外形与传说中的恐龙极其相似的科摩多巨蜥至今仍生存在印度尼西亚的几座小岛上，是当今世界上最大的蜥蜴，也是当地的捕食大王。它的外观十分丑陋恐怖，并且往往为达到目的，会使出各种各样的猎杀招数，那么在对手和猎物面前，科摩多巨蜥会使出什么样的"杀手铜"呢？

▲科摩多巨蜥

借"刀"杀人

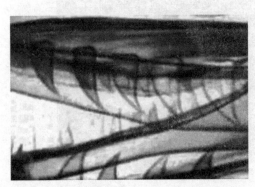
▲科摩多巨蜥尖利的牙齿

多数爬行动物都非常善于偷袭，科摩多巨蜥也同样善于偷袭。它们会偷袭任何它们捕食范围内的动物，甚至是一头水牛。当然这对于单个巨蜥来说似乎有点狂妄，甚至是对于温血动物中的捕猎高手如狮子、老虎也会三思而后行。

但是科摩多巨蜥有它的秘

密武器：它的口腔中生满了巨大而锋利的牙齿，这些牙齿综合了霸王龙和大白鲨牙齿的特点，匕首一般锋利的切削刃边缘上布满锯齿，牙齿表面还有生满细菌的恶臭黏液，但它们从来不会清洗自己的牙垢，口臭无比，被称为是世界上最臭的嘴。

▲巨蜥正在分享战利品

在科摩多巨蜥使用它秘密武器的同时，也上演了一场"借刀杀人"的好戏。对科摩多巨蜥来说，恶臭黏液里的细菌是它的同伙。即使被咬伤的水牛侥幸逃脱，但经由科摩多巨蜥唾液到达水牛身体里的细菌已经开始发动"隐形"的攻击。细菌会像定时炸弹一样瞬时传遍水牛全身的血管，最终水牛伤口腐烂，体质虚弱，悲惨地成为跟踪在后的科摩多巨蜥的餐点。

巨蜥拥有非常灵敏的嗅觉，尸体腐烂的味道会引来众多的竞争者。通常只有当雄性巨蜥吃饱之后，它们才允许小巨蜥和雌性巨蜥来分享残食。科摩多巨蜥不会长时间地逗留在它们的战利品上。它们先吃上20分钟，然后离去，待会再回来吃上更长的时间。

巨蜥主要的猎取对象是鹿、野猪和野马等，有时也会攻击比它大数倍的水牛。它也把鸟卵作为自己的"开胃品"，偶尔也会捕食年幼的同类，对动物的腐尸更感兴趣。

▲科摩多巨蜥的"开胃小菜"

自然传奇丛书

小贴士

同所有的爬行动物一样，巨蜥的新陈代谢缓慢，能量消耗很小，并不经常狩猎，但巨蜥能够消化掉大量的食物。它的胃像个橡胶皮囊，很容易扩张。所以，巨蜥在餐前餐后体重相差很大。

隐藏的秘密武器

▲科摩多巨蜥捕食时会分泌丰富的唾液

由于科摩多巨蜥不仅外表凶残恐怖，而且它的唾液有许多的细菌，因此人们普遍认为被它咬过的动物会在三天之内因细菌侵袭身体而死亡。不过，澳大利亚墨尔本大学布莱恩·弗莱教授带领的研究团队发现，科摩多巨蜥不仅唾液中含有大量的细菌，而且其下颚发达的腺体能够分泌致命毒液，这才是科摩多巨蜥巨大杀伤力的秘密所在。

研究小组对新加坡动物园一只高龄科摩多巨蜥的毒腺体进行了摘除，结果发现其中含有很多种剧毒成分，包括扩张血管、导致血液无法凝固的成分。当研究人员将这些成分注射进哺乳动物的体内后，发现哺乳动物出现血压迅速下降的现象，甚至诱发昏迷。

轶闻趣事——"挑食"的科摩多巨蜥

由于是一种冷血的爬行动物，科摩多巨蜥可以在这些不适宜居住的岛屿上生存，但它每年仅吃十几餐。科摩多巨蜥非常挑食，它会为找到一块美味的鲜肉耐心勘察地形。有时科摩多巨蜥会一动不动地连续几天潜伏在森林中，等待像鹿这样的动物经过。

自然传奇丛书

绞杀猎手——蟒蛇

▲蟒蛇

1992年，"安德鲁"飓风给佛罗里达州带来了灾难性的打击。同时，在佛罗里达州南部的沼泽地上，出现了一种新的超级食肉动物，甚至已经开始泛滥成灾，它们就是那些被流放的巨蟒。

原来，当飓风袭来时，许多巨蟒纷纷从宠物商店或养蛇爱好者家中逃出，于是它们的后代就开始在这片沼泽地上繁衍生息。作为外来的入侵者，经过与本土猎食者美洲鳄鱼的激烈竞争，巨蟒已逐渐占据这片沼泽地食物链的最顶端。不过，蟒蛇展示的不仅仅是蛮力，它们已掌握了陆上、水下，甚至空中的捕猎技巧。

绞杀鳄鱼

蟒蛇一旦捕获猎物，便会紧紧缠绕，让对方无法逃脱，直至窒息而死。若是按比例计算，蟒蛇可以说是陆地动物中的大力士之一，它的力量甚至比毒液还有效，这让它可在一分钟内杀死猎物。

由于丛林中的蟒蛇有时也会到水里觅食，此时它们会遭

▲蟒蛇将鳄鱼死死缠住

自然传奇丛书

遇到强大的对手——鳄鱼。两者的实力旗鼓相当，常常厮杀得不可开交。鳄鱼致命的武器是大嘴咬、旋转撕扯、拖到水里淹死以及群起撕咬。巨蟒的厉害功夫是"死缠烂打"，紧紧缠住猎物不放，直至对方窒息。因此，当一头鳄鱼遭遇一条蟒蛇时，鳄鱼的胜算很小。巨蟒紧紧缠住鳄鱼不放，可以把鳄鱼的骨头挤断，甚至让它窒息。

万花筒

巨蟒的绞杀威力巨大，一般普通的7～10米的蟒蛇绞杀力就有250千克左右，即当它像电磁铁线圈那样绕在一捆甘蔗上的时候，您就可以直接饮用甜美的甘蔗汁了。

轶闻趣事——蟒蛇和鳄鱼同归于尽

2005年10月，在美国佛罗里达州的大沼泽地里，人们意外发现了一条大蟒蛇和一头鳄鱼的尸体。蟒蛇身体中部裂开一个大洞，鳄鱼的尾巴和两个后肢从这个洞中伸了出来。

根据分析，这条蟒蛇和鳄鱼曾经有过一番厮杀，后来，蟒蛇张开大口活吞整条大鳄鱼，而鳄鱼在窒息死亡前，用身上的尖锐部分把蟒蛇肚子给"撞破"了。

▲鳄鱼击穿巨蟒肚子

吞食猎物

因为无法将猎物肢解，蟒蛇往往先将它们整个吞下，即使猎物大小是它身体直径的好几倍。当猎物变成食物之后，蟒蛇通过弯曲自己的身体，把食物缓慢地向下挤压，然后才慢慢消化。

尽管蟒蛇的嘴型很巧妙，但在吞食前，还是要将捕获物进行一番加工：它将动物挤挤压压地弄成长条，在吞咽时，靠钩状牙齿的帮忙，把食物送进喉头。同时，蟒蛇还会分泌出大量的唾液，相当于吞咽时的"润滑油"。

小资料——蟒蛇的独特颌骨

▲蟒蛇吞食袋鼠

和大多数动物不一样，蟒蛇可以把口张到180度。

首先，它的下巴（即下颌）可以向下张得很大，因为蛇头部接连到下巴的几块骨头是可以活动的，不像其他动物那样与头部固定不动。

其次，蟒蛇左右下巴之间的骨头，连接成可活动的榫头（人下巴处的骨头没有榫头，左右成了一块），左右以韧带相连，可以向两侧张大。因此蛇的口不但上下可以张得很开，而且左右也不受限制，能在一定程度内扩得很大，这样就可以吞食比它嘴巴大得多的东西。

自然传奇丛书

消化袋鼠

蟒蛇是一种坐等食物来临的捕食者。一般说来，腹中还有食物的蟒蛇，会安安静静躲在洞穴里，待上数天甚至数十天，慢慢地消化腹中的食物。蟒蛇直到消化完成，排出粪便，才开始进行下一轮捕食。

这种生活习性使得蟒蛇可以数月不进食，一旦进食就需要长时间消化。蟒蛇可以吞进略等于自身体重50%的食物，为了消化这些吞进的肉类，蟒蛇必须快速启动肠道系统进行工作。

实验探究——蟒蛇消化袋鼠全过程

科学家使用计算机 X 线断层摄影术（即 CT 扫描）及核磁共振成像技术（MRI）对这条蟒蛇进行了拍摄。根据拍摄的蟒蛇消化过程照片及记录的数据显示，在蟒蛇消化袋鼠过程中，蟒蛇肠道部分出现扩张，胆囊部分出现萎缩，心跳节奏比平常增快 25％。该研究小组解释称，蟒蛇心跳节奏的加快可能与其在消化袋鼠过程中需要更多的能量有关。

从蟒蛇吞进袋鼠到袋鼠整个被消化掉共耗时 132 小时。

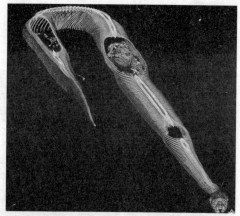
▲蟒蛇消化袋鼠时消化系统的活动状态

午夜凶煞——响尾蛇

▲虎视眈眈的响尾蛇

在美洲、澳洲以及非洲的某些地区，人们经常会听到一种类似流水的声音，但是环顾四周又很难找到这种声音的来源。其实这个声音的发出者就是神秘的响尾蛇。这是个精于算计的残酷猎手，被称为"午夜凶煞"的它们绝非浪得虚名。

响尾蛇是一种毒性极强的蛇，每次它蜕皮的时候都会在尾部留下一个硬硬的环。久而久之就形成了一个天然的发声器。每当有危险或猎物接近的时候，它就会猛烈地摇动尾巴，发出带有警告色彩的死亡之音。

死亡之音

响尾蛇经常会翘起尾巴，以每分钟 40～60 次的频率极快地摇动，发出"嘎啦嘎啦"的声音，30 米外都能听得一清二楚。

响尾蛇的响环像一串干燥的中空串珠，摇动时彼此可以做相反方向的运动，因环内充满空气的振荡和相互撞击，从而产生高频率的响声。

▲发出死亡之音的尾环

响尾蛇耗费宝贵的能量发出的声响有什么作用呢？这样会不会把自己给暴露出去了？其实响尾蛇诡计多

自然传奇丛书

端，它会模拟出水流的声音，吸引沙漠中口渴的小动物循声前来，然后对它们进行猎杀。此外，当遇到强劲的对手时，可以让它们错认其尾巴为头部，而真正的头部则随时准备逃跑。

刚孵出的小响尾蛇尾部只有一个响环，在成长的过程中，随着蜕皮次数的增加，响环的数目也会慢慢增加，发出的声音也越来越大，这表示这条响尾蛇的年龄也越大。而还没有响环的幼响尾蛇因为无法发出警告声音，因此碰到入侵者都会毫无预警地发动攻击。

万花筒

有些觅食的小动物很粗心，如蜥蜴会把响尾蛇刻意露在外面的尾巴当成"虫子"，这条"虫子"在响尾蛇的授意下还在不停摆动。当蜥蜴扑上去的时候，才发现自己步入了响尾蛇的陷阱。

隐形的眼

响尾蛇具有"两组眼睛"：除了人们所看到的一对眼睛之外，它们还有一对具红外感应能力的"隐形眼睛"，这对眼睛能够探测到热度，"看到"活着的生物。利用热感应高科技技术追踪猎物，使它有很好的夜视能力，并且通过大脑还可以将热成像和视觉成像综合起来，因此成了可怕的猎食动物。

▲响尾蛇主要依靠"热眼"觅食

小资料——响尾蛇接收红外线的原理

在一般情况下，温血动物主要通过皮肤的红外辐射形式散热，红外辐射携带着大量的信息。在漫长的进化过程中，一些动物逐渐演化出了专门接收红外辐射的结构——红外感受器。蛇类就是其中的一种。它们利用红外感受器，可以在

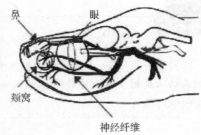

鼻　　　　　　眼

颊窝

神经纤维

▲响尾蛇颊窝中的热感受器

▲响尾蛇紧紧地咬住猎物

夜间感知周围的温度变化，进行捕食、避敌等活动。

响尾蛇的红外感受器长在眼睛和鼻孔之间，即颊窝的部位。颊窝呈喇叭形，其间被一片薄膜分成内外两个部分。外面的那部分是一个"热收集器"，能够接收动物身上发出来的热线，即红外线。喇叭口所对的方向如果有热的物体，其红外线就经过这里照射到薄膜的外侧一面。显然，薄膜外侧要比内侧面的温度高，其上布满的神经末梢就感觉到了温差，并产生生物电流，传给蛇的大脑，大脑就发出相应的"命令"。所以，只要有小动物在旁边经过，响尾蛇就能立刻发觉，悄悄地爬过去，并且准确判断出猎物的方向和距离，窜过去把它咬住。

你知道吗？

　　一直以来，科学家只知道响尾蛇头部的特殊器官可以利用红外线感应附近发热的动物，然而却无法解释响尾蛇死后的咬噬能力。

　　其实，即使响尾蛇的其他身体机能已经停止，但只要头部的感应器官和组织还未腐坏，即在响尾蛇死后一个小时内，依靠其红外线感应器官的反射作用，仍可探测到附近15厘米范围内发出热能的生物，并自动做出袭击的反应。

自然传奇丛书

万花筒

研究员访问了34名曾被响尾蛇咬噬的伤者，其中5人表示，自己是被死去的响尾蛇咬伤。即使这些响尾蛇已经被人击毙，甚至头部切除后，仍有咬噬的能力。

伏击捕食

沙漠昼夜温差很大，响尾蛇会从温差转变中寻找生存空间。它会在白天天气酷热难当时躲去乘凉，这时它的新陈代谢很慢，以此来保存体力。夜幕降临时它便小心翼翼地露出脑袋吸收白日的余光，因为只有获得一定的热量它才能发动既快又准的攻击。

在夜色的掩护下沙漠响尾蛇开始寻找猎物，脚印和气味暴露了猎物的踪迹。沙漠响尾蛇属于伏击性食肉动物，它会在猎物留下的足迹附近躲藏起来，寻找机会以确保能够捕获猎物。它像电影里的终结者一样，猎物的一举一动都逃不过它那对热感应器，只要走进攻击范围就必死无疑。

轶闻趣事——"受骗"的响尾蛇

当觅食的松鼠遇到响尾蛇的时候，它会坐以待毙还是仓皇逃脱？实际上松鼠的选择是转过身来，使劲摇动自己的尾巴。你可能会想，松鼠这么做岂不是惹祸上身吗？

事实却并非如此，当遇到响尾蛇时，松鼠的尾巴会变热。而通过颊窝中的红外线感应组织，响尾蛇感受到的则是一个大的、摆动的红点。这让响尾蛇方寸大乱，只能乖乖溜掉，去寻找不这么吓人的猎物。

▲与响尾蛇对峙的松鼠

自然传奇丛书

致命"化工厂"——眼镜蛇

在热带及亚热带的草原和原始森林中，生存着一种令人生畏的蛇类——眼镜蛇，因其颈部扩张时，背部会呈现一对美丽的眼镜状花纹，故名眼镜蛇。眼镜蛇体形硕长，性情凶猛，体内含有剧毒。世界上每年有 2.5 万人死于蛇咬，而眼镜蛇是最主要的凶手。

和一般的森林猛兽相比，蛇似乎有许多天生的缺陷：没有庞大的身躯、尖利的脚爪和锋利的巨牙。但眼镜蛇是怎样成为令所有森林动物避之唯恐不及的杀手呢？

▲眼镜蛇醒目的标志

自然传奇丛书

独特的感官

▲眼镜蛇通过舌头上的味觉器官来判断气味

眼镜蛇的听觉并不发达，它没有外耳，中耳也不发达，基本听不到声响。眼镜蛇只能依靠下腭与地面的接触，才能辨识出外界震动，比如水流的声音。

此外，眼镜蛇的视力对捕食也帮助不大，因为它是一个不折不扣的色盲。透过无法眨动的双眼，它只能看见附近单调灰色的世界。

虽然眼镜蛇的视觉和听觉极其迟钝，但它具有敏锐的嗅觉器官。在搜寻猎物的过程中，它那细长的尖端分叉的蛇信不停地吐出，舌尖上的液体能够溶解空气中或地面上的化学物质，然后迅速导入特殊的味觉器官。根据得到的气味信息，眼镜蛇就可以区分四周潜在的威胁或猎物。

此外，眼镜蛇鼻子旁也有两个颊窝，用来感知外界的红外线，从而捕获猎物。

自然传奇丛书

你知道吗?

蛇的舌尖为什么要分叉？这是一个争论了 2000 多年的问题。

生物学家是这样解释的：正如人有左右耳一样，蛇利用舌尖分叉来判断气味来源的方向。实验也证实了这个推断，如果剪去被测蛇的舌尖分叉，它就会失去跟踪气味痕迹的能力；如果堵住蛇口中通往探测器官的孔道，这条丧失辨别能力的可怜的蛇便只能在原地转圈。

▲眼镜蛇分叉的舌尖

致命的毒液

眼镜蛇的毒牙前部有一个孔，牙的中间可以输送毒液。当蛇压缩它的毒囊时，毒牙就像水枪一样，可以把毒液喷出 3.6 米远。

所有的毒液都有两种作用：一是让猎物动弹不得，这种猎物通常都比蛇跑得快；二是帮助消化。毒液是一种富含蛋白质的物质，会攻击红细胞，阻碍血液凝固。它也会影响到神经组织，并改变呼吸和心脏活动。有些毒液毒性很强，在注射 15 分钟后便能致命。

令人感到吃惊的是，并非所有眼镜蛇都利用毒液直接杀死猎物或者对其构成威胁的动物。一些眼镜蛇会将毒液喷向目标者的眼睛。事实证明，这是一种非常有效并且精确度极高的自我保护机制。

当眼镜蛇和强劲的对手近距离对峙的时候，眼镜蛇的头部会跟随对手的身体和眼睛移动。眼镜蛇能够借助于头部的移动，暂时抑制毒液喷射，这种做法能让它们在短短 200 毫秒内确定目标方位，具体地说是目标者的眼睛。眼镜蛇借助于这种估计，准确锁定目标并展开攻击，很多对手在毒液的精确攻击下丧失视力，从而失去攻击能力。

▲眼镜蛇将毒液喷向敌手

万花筒

当一条成年的眼镜蛇感觉到威胁时，它不仅昂首竖立，还尽力展开颈部皮褶，以这种非常强烈的讯号警告如长尾猴之类的动物走开。

蛇类煞星——眼镜王蛇

眼镜王蛇生活于密林中，分布在东印度到中国南部，再到印尼、菲律宾的森林地带。它是世界上体形最大、性情最凶猛的眼镜蛇，外形与眼镜蛇相似，但颈背无眼镜状斑纹。成年的眼镜王蛇长达五六米，直立起来时几乎可以与一个成年人对视。

眼镜王蛇之所以名声赫赫，是因为它主食蛇类，包括金环蛇、银环蛇、眼镜蛇等有毒蛇种，也捕食蜥蜴、青蛙和老鼠等小型动物，饥饿时甚至连同类都会吃。因此，眼镜王蛇又被称为"蛇类煞星"。

万花筒

眼镜王蛇的毒素相当猛烈，每次毒液注射量高达 400～600 毫克。最多分泌达 700 毫克以上，毒液量约为其他蛇类的 5～7 倍。

智慧之蛇

智商很高的眼镜王蛇不但能捕猎其他的蛇类，而且能分辨对方是否有毒。此外，眼镜王蛇行动敏捷，头部可灵活转动，不但可向前后左右方向攻击，还可以垂直蹿起来攻击头顶上方的物体。

在确定对方为无毒蛇时，眼镜王蛇不会轻易使用毒液，它会随便紧咬猎物某部位，任凭其挣扎反抗，直至猎物死亡。在确定对方为毒蛇时，它

▲吞食同类的眼镜王蛇

则会持续地挑衅对方，直到对方被激怒发起进攻，而眼镜王蛇却只是机警地躲闪，并不应战。即使遭到攻击，眼镜王蛇通常会安然无恙，因为它体内含有抗毒的物质。最后当猎物身心疲惫、无心恋战时，它便抓住机会，猛地咬住猎物头颈并释放毒液将其杀死。

自然传奇丛书

守株待兔

眼镜王蛇常待在高高的树上，由栖身处俯瞰下方的动静，这是寻找猎物的最佳地点。若发现下方有经过的猎物，它就会悄悄尾随，并寻找时机发动袭击。

在树下的草丛中，有只老鼠正寻找猎物。一条银环蛇闻"香"而来，它准备攻击，这一切都被高高在上的眼镜王蛇所感知。银环蛇浑然不觉眼镜王蛇的步步逼近。一瞬间，发现危险的老鼠扭头逃跑了。现在，觅食的银环蛇从猎手变成了猎物。

面对凶猛的眼镜王蛇，它鼓起颈部，抬起头，以示恐吓，却也只是白费力气。眼镜王蛇奋力咬紧，吐出毒液。毒液在短短几分钟内发挥效用：猎物全身瘫痪，心脏停止跳动，肺部不再呼吸。

眼镜王蛇的消化道从颈部贯穿到尾部，容量惊人，吞下一条蛇并不费力。它一点点将猎物咽入颈部，使其进入消化道，同时分泌大量胃液，逐渐将猎物分解。眼镜王蛇用餐的时间很长，但这一周它都无须再去猎食。

▲正在吞食猎物的眼镜王蛇